做人做事

取舍之道

孙郡锴◎编著

中国华侨出版社

·北京·

图书在版编目 (CIP) 数据

做人做事取舍之道 / 孙郡锴编著 .—北京：中国华侨出版社，
2009.4（2024.11 重印）
ISBN 978-7-80222-896-2

Ⅰ . 做… Ⅱ . 孙… Ⅲ . 人生哲学 – 通俗读物 Ⅳ .B821–49

中国版本图书馆 CIP 数据核字（2009）第 046689 号

做人做事取舍之道

编　　著：孙郡锴
责任编辑：刘晓燕
封面设计：周　飞
经　　销：新华书店
开　　本：710 mm × 1000 mm　1/16 开　　印张：12　　字数：130 千字
印　　刷：三河市富华印刷包装有限公司
版　　次：2009 年 9 月第 1 版
印　　次：2024 年 11 月第 2 次印刷
书　　号：ISBN 978-7-80222-896-2
定　　价：49.80 元

中国华侨出版社　北京市朝阳区西坝河东里 77 号楼底商 5 号　邮编：100028
发 行 部：（010）64443051　　传　　真：（010）64439708

如果发现印装质量问题，影响阅读，请与印刷厂联系调换。

提起做人与做事，许多人会说，我时时在做人，天天在做事，这是再简单不过的事情嘛。事实果真如此吗？我们看到有的人在社会上关系难搞、事情难做、步步维艰，而另有一些人则是人脉广博、诸事顺畅。究其原因，正是二者在做人做事的方圆艺术方面功力深与浅的区别罢了。

做人做事贵在能取会舍。纵观古今中外，最能保全自己、发展自己和成就自己的人生之道，就是讲究做人做事的取舍之道。

具体而言，做人做事的取舍之道体现在以下几个方面：

其一，宽严之间体现做人做事的高境界

宽容做人，至少你不会在乌云密布、看不见阳光的日子生活，相反，你会发觉春光明媚，世界无限大、无限美好。严谨做事，至少你不会等到冰雪融化时，才想起水的可贵，相反，你会发觉下雨天其实真的很美，一切事物都在其灌溉后，变得更加鲜艳丰满。

其二，懂得做人做事过程中实与虚的辩证法。

在大多数人为了生存的需要努力遮掩自己的时候，"真实"反倒会成为做人的一道亮丽风景。做人真实的人可能会吃一时之亏，但终究会成为做人的赢家。但是做人真实并不意味着做什么事情都让自己以"原生态"的面貌出现，该包装自己的时候也要会包装，尽管这是为求做事顺利不得已而为之。

其三，整合独与合的矛盾，体现做人做事方圆艺术的精髓

独立是成熟做人的起始点。人们激发与挖掘自身潜能，吸收万物精华后，

形成独一无二的人格，拥有自己的信仰，形成自己的思想体系，自己为人处事的方式。协作是理性之精髓，现代社会中缺少了协作精神将使自己寸步难行。协作做事，首先要学会独立地完成任务，才能进一步与人分工协作。

其四，两者的结合会使做人做事的成就倍增

胆大的人在当今竞争激烈的社会大环境下获得成功的机遇往往比平常人多得多。细心是理性之标牌。只有时刻提醒自己，才会加倍小心，才会少走弯路，到达"目的地"。大胆和心细亲如两个相爱的人，关系如胶似漆，只有兼顾两者，才会在生存的竞技场上迸发出威力无比的力量来。

其五，认清周围的人表象背后真实的一面。

人始终都是一个矛盾的综合体。人们喜怒哀乐、悲欢嬉笑，远非自身所表现出来的那么简单。所以，人的欢笑并不一定代表高兴，流泪并不一定代表伤心，鞠躬并不一定代表感谢，拍手并不一定代表赞赏……但这些至少传达了一些信息，只要你认真分析，总会学到一些识人的本领。而这种本领是你做人做事的必备武器。

总之，取舍是一种姿态，也是一种风度；是一种修养，也是一种境界；是一种智慧，也是一种谋略。懂得以取舍之道去做人做事，就能获得一片属于自己的广阔天地。

目 录
CONTENTS

第三章 严谨成事宽容致福
——宽严之间体现做人做事的高境界

第四章 内心真实，外表包装
——懂得做人做事过程中实与虚的辩证法

第五章　思考独立，精神协作

——整合独与合，拿捏做人的取与舍

第六章　为人胆大，做事心细

——两者的结合会使做人做事的成就倍增

第七章　糊涂立身，言辞藏锋

——说话糊涂一点儿更利于生存　　▶▶

第八章　半睁半闭，二合为一

——婚姻的持久尤其需要一点儿取舍之道

 ▶▶

第九章　事如棋局，谋而后动

——动脑筋下好人生这局棋　　▶▶

第十章　把握原则，灵活变通

——守与变的结合是做人做事取舍之道的最好体现 ▶▶

第十一章　以和为贵，追求共赢

——好人缘为做人做事提供坚实的后盾 ▶▶

第一章

高标定位低点起步

——做人做事过程中处理好目标与方式的关系

做人做事要有目标，有了目标，行动的针对性更强，效率更高。一个人要想不断提升自己做人做事的境界，就要尽量给自己设定一个较高的目标，高标定位，体现了做人做事"方"的一面。同时，为了实现目标，起步时则要尽量从低点开始，这体现了做人做事"圆"的一面。只有高标与低点相结合，才算体悟了做人做事取舍之道的真谛。

01 有目标的人生才有意义

没有目标的人生，就像一艘无人驾驶的小舟，漫无目的地随风飘荡。确立了明确目标的人，就等于离人生的高层境界不再遥远了。确立明确目标是成就高标生存境界的起点，所以，你必须首先认识"确立目标"的重要性。

许多人之所以一事无成，最根本的原因在于他们不知道自己到底要做什么。在生活和工作中，明确自己的目标和方向是非常必要的。只有知道自己的目标是什么、到底想做什么之后，才能够达到自己的目的，梦想才会变成现实。

一个小伙子因为对自己的工作不满意而向柯维咨询，他想找一个称心如意的工作，改善自己的生活处境。

"那么，你到底想做点什么呢？"柯维问。

"我也说不太清楚，"年轻人犹豫不决地说，"我还从没有考虑过这个问题。我只知道自己的目标不是现在这个样子。"

"那么你的爱好和特长是什么？"柯维接着问，"对于你来说，最重要的是什么？"

"我也不知道，"年轻人回答说，"这点我也没有仔细考虑过。"

"如果让你选择，你想做什么？你真正想做的是什么？"柯维对这个话题穷追不舍。

"我真的说不准，"年轻人困惑地说，"我真的不知道自己究竟喜欢什么，我从没有仔细考虑过这个问题，我想我确实应该好好考虑考虑了。"

"那么，你看看这里吧，"柯维用双手比画着说，"你想离开你现在所在的位置，到其他地方去。但是，你不知道你想去哪里。你不知道自己喜欢做什么，也不知道自己到底能做什么。如果你真的想做点什么的话，现在你必须拿定主意。"

你必须首先确定自己想干什么，然后才能达到自己确定的目标。同样，你应该首先明确自己想成为怎样的人，然后才能把自己造就成那样的有用之材。

目标会使你拥有胸怀远大的抱负，目标会在失败时赋予你再去尝试的勇气，目标会使你不断向前奋进，目标会给你前途，目标会使你避免倒退，不再为过去担忧，目标会使理想中的我与现实中的我统一。当别人问"你是谁"时，你可以回答："我是能完成自己目标的人。"

正如空气对生命一样，目标对高标的人生有绝对的必要。如果没有空气，没有人能够生存；如果没有目标，没有人能够达到应有的人生境界。一个人以自己的努力获得的收获，在开始的时候，只不过是存于心里的一幅清晰、简明、有待追求的画面而已。当那幅画面成长、扩大，或发展到使人着魔的程度时，就被人的潜意识接受。从那一刻起，当事人会身不由己地被牵扯着、导引着，为实现心底的那幅画面而努力不已。

然而，大多数人都在没有明确目标或明确计划的情况下接受完教育，找一份工作，或开始从事某一种行业。现代科学已能够提供相当正确的方法来分析人们的个性，以使人们选择适合他们的职业。但许多人依然如无头苍蝇到处乱撞，找不到合适的工作。因为他们从一开始就没有确立明确的目标，所以到了而立之年乃至不惑之年，还在为找不到合适的工作而苦恼。

即使你有一颗善良的心、有一个健壮的身体，或者具备丰富的学识、非凡的才干，你也不能保证自己会拥有高境界的一生，因为这些并非你人生卓越的全部要素。具备这些条件者成千上万，他们照样失落一生。何故？因为他们缺乏开创事业所必备的条件，即生活的目标。缺乏目标的人生是毫无意义可言的，他们浑浑噩噩，庸庸碌碌，只看见眼前的阴影，看不见明天的曙光，精神世界空虚。这样的人生，是何等的乏味！

02 自信决定人生的高度

喷泉的高度无法超过它源头的高度；同样，一个人的人生高度也绝不会超过他自信所能达到的高度。

如果你建立了一定的事业发展基础，而且你自信自己的力量完全能够愉快地胜任，那么就应该立即下定决心，不要再犹豫动摇。即使你遭遇困难与阻力，也无论如何不要考虑后退。

只要你注意所见所闻，你就会发现不少成功者都曾经失败过，甚至完全破产，但是因为他有勇气、有决心，始终没有被击垮，仍然在努力地坚持着，希望东山再起。

世界上许多事情的失败，并不是由于经济上的损失，而是因为缺乏自信。

人生最大的损失，除了丧失人格之外，就要算失掉自信心了。当一个人没有自信心时，任何事情都不会成功，正如没有脊椎骨的人是永远站不起来一样。

眼光敏锐的人能够从路过身边的人中指出哪些是自信的人。因为自信的人走路的姿势、一举一动都会流露出十分自信的样子。从他的气度上，就可以看出他是一个自立、自主、自信和决心完成任何事的人。一个人的自主、自立、自信就是他万无一失的成功资本。同样，眼光敏锐的人也能随时随地看出谁是自卑的人。从走路的姿势和气质上，可以看出他缺乏自信心和决断力；从他的衣着和气质上可以看出他不学无术；而且他的一举一动也显露出他怯懦怕事、拖拖拉拉的性格。

一个自信的人处理任何事绝不会支支吾吾、糊里糊涂。他魄力十足，无须依赖他人而能独立自主。而那些陷于失败的人既缺乏心理上的自信心，又没有实际的做事能力，看上去总是一副穷途末路的样子，从他的谈吐举止和实际工作上看，仿佛他处处无能为力，只好听任命运的摆布。

在一个人的事业上，自信心可以创造奇迹。自信使一个人的才干取之不尽、用之不竭。一个缺乏自信的人，无论本领多大，总不能抓住任何一个良机。每遇重要关头，总是无法把所有的才能都发挥出来。所以，那些绝对可以成功的事在他手里也往往弄得惨不忍睹。

　　在我们生存的过程中，荆棘有时比玫瑰花的刺还要多。它们会成为你前进的拦路虎，正是这只拦路虎在测试你意志究竟是否坚定、力量是否雄厚，但只要你不气馁、不灰心，任何拦路虎总是有办法驱除的。只要紧紧盯住已经确定的目标，坚定地相信自己的能力和事业成功的可能，就能使你在精神上先达到生存的最高境界。随后，你在实际的创业过程中的成功也一定是确信无疑的。

　　你要力排众议，打消一切古怪的空念头；遇事马上决策，立即行动；任何时候任何事情都要胸有成竹，决不气馁；你的决心必须坚如大山，你的意志必须强如钢铁，不可随便动摇，而无论你受到怎样的打击与引诱——这是达到你人生应有高度的诀窍。

　　世界上有无数的失败者，都是因为他们没有坚强的自信心，因为他们所接触的都是心神不定、犹豫怯懦之辈，因为他们自己三心二意，对事情缺乏果断的决策能力。但其实，他们体内明明包含了成功的因素，却被自己硬是驱逐出了自己的身体。

　　无论你陷于何种穷困的境地，一定要保持你那可贵的自信心！你那高昂的头无论如何不能被穷困压下去，你那坚决的心无论如何不能在恶劣的环境下屈服。你要成为环境的主人，而不是环境的奴隶。你无时无刻不在改善你的境遇，无时无刻不在向着目标迈步前进。你应该坚定地说：你自己的力量足以实现那项事业，绝对没有人能够抢夺你的内在力量。你要从个性上做起，改掉那些犹豫、懦弱和多变的个性，养成坚强有力的个性，把曾被你赶走的自信心和一切由此丧失的力量重新挽救回来。

　　事业的最初如一棵嫩芽，要它成长、要它茁壮，一定要有阳光去照射它。

立即鼓起勇气、振作精神，努力去排除一切妨碍成功的可恶因素，学习如何去改变环境，如何去扫除外界的阻遏势力。任何事情，你都应往成功方面想，而不可以整天唉声叹气地去思虑失败后处境将是怎样的悲惨。

一个做事光明磊落、生气勃勃、令人愉悦的人，到处都受到人们的欢迎；而一个总是怨天尤人、专说失败的人，谁都不愿意与他交往。能在世界上不断发展自己事业的是那些对未来满怀希望、愉快活泼的人。就我们本身而言，也希望避开那些整天满面愁容、无精打采的人。

一个有必胜决心的人，他的言行举止中无不显出十分坚决、非常自信的气质。他意志坚定，能够胸有成竹地去战胜一切。人们最信任、最敬仰的也就是这种人；而最厌恶、最瞧不起的则是那种犹豫不决、永无定见的人。

一切胜利只是属于各方面都有把握的人。那些即使有机会也不敢把握、不能自信成功的人，只能落得个失败的结局。唯有那些有十足的信心、能坚持自己的意见、有奋斗勇气的人，才能保持在事业上的雄心，才能自信必定成功。

在生存竞争中最后赢得胜利的人，一举一动中一定充满了自信，他的非凡气度一定会使人自然对他产生特殊的尊敬。人人都可以看出他生机勃勃、精力充沛的样子。而那些被击败在地、陷入困境的人，却总是一副死气沉沉的样子；他们看起来就缺乏决断力和自信；无论是行动举止、谈吐态度，他们都容易给人一种懦弱无能的印象。

因此，一个人的自信度有多高，他的人生境界就有多高。自信决定了人生的高度。不要等待别人给你自信，不要等待成功了才有自信。你想要达到的生存境界永远都需你自己去完成，别人则无法填补你内心深处的那片空白。

03 克服自卑的心理

自卑是一种消极的自我评价或自我意识，即个体认为自己在某些方面不如他人而产生的消极情感。具有自卑感的人总认为自己事事不如人，自惭形秽，丧失信心，进而悲观失望，无力进取。一个人若被自卑感所控制，其精神生活将会受到严重的束缚，聪明才智和创造力也会因此受到压抑而无法正常发挥作用，甚至还会严重影响到身体的健康。自卑感所引发的这种生存状态直接决定了一个人的命运。

这世上因信心不足而自卑的人数和营养不良的人数一样多。自卑这种"疾病"会使人将自己约束在昨日的生活模式之中，而不敢轻易尝试突破现状的努力，过着没有明天、没有希望的日子。营养不良，会使人身体无法正常运转，但营养不良有药可医，而自卑必须靠自身努力来医治，只有靠自己奋起，努力培养对自己能力的肯定与信赖感，给自己的信心充电才能有所改观。

法国伟大的启蒙思想家、文学家卢梭，曾为自己是孤儿、从小流落街头而自卑。存在主义大师、作家萨特，两岁丧父，一只眼斜视，并最终发展到失明，失去亲人与身体的残疾使他产生严重的自卑。法国第一帝国皇帝、政治家、军事家拿破仑，年轻时曾为自己的身材矮小和家庭贫困而自卑。美国英雄总统林肯出身农庄，9岁丧母，只受过一年学校教育就下田劳动，林肯曾深为自己的身世而自卑。日本著名企业家松下幸之助，4岁家败，9岁辍学谋生，11岁亡父，但自信一直是他奋进的动力。

从卢梭及众多名人的例子中，我们知道自卑是可以克服的，克服了自卑，我们也可以像他们一样做到卓越而无可替代。

所以我们要正确分析自卑的原因，弄清楚自己的自卑感是什么原因造成的。自卑感大多是由虚荣心、自我主义、胆怯心、忧虑及自认比不上他人的心态造成的，而自己和家人、同学、朋友之间的相关摩擦往往是因自卑而神经过敏造成的。若对此能有所了解，我们就等于已踏出克服自卑感的第一步了。

对自己的弱项或遇到的挫折，持理智的态度，既不自欺欺人，也不将其视为天塌地陷的事情，而是以积极的方式应对现实，克服困难，这样你便不会有时间去自卑，也能从不断进步中找到自信了。

我们不仅要看到自己的短处，也要看到自己的过人之处。我们不妨将自己的兴趣、嗜好、才能、专长全部列在纸上，这样可以清楚地看到自己所拥有的东西。另外，我们也可以将做过的事制成一览表，譬如，我们会写文章，记下来；我们善于谈判，记下来；我们会打字、我们会演奏几种乐器、我们会修理机器等，都可以记下来。知道自己会做哪些事，再去和同龄人做比较，我们便能了解自己的能力所在。扬长避短我们就会增强自信心，减轻心理压力，扔掉自卑轻装前进。

遇到问题不要气馁、放弃努力，我们应正视自己的问题，从正面去试着解决。譬如，如果害怕在大庭广众前发表意见，就应多在大庭广众前与人交谈，相信结果一定比我们想象的会好些。所以，如果我们现在心里有尚未完成的事，切勿迟疑，赶快开始行动。

一切消极的思想，再加上重复的回忆习惯，严重的易导致心理畸形，导致自信心的彻底丧失。

不管心理障碍有多大，只要我们停止消极思想，多回忆一些积极的事情，它们就一定会被克服。

要塑造全新的自我，便要拒绝在我们的"心理银行"中积累储存不愉快的思想。集中精力多想好的方面，忘却不愉快的事，多往积极方面努力，一旦发现自己陷于消极思维，立即转向积极方面。

人一生中总会有一些令人振奋的事情。我们的大脑渴望摆脱噩梦。如果我们愿意合作，我们内心令人不愉快的记忆将渐渐枯萎，最终我们"记忆银行"的"出纳"会把它们删除掉。

通过努力奋斗就可以某一方面的突出成就来补偿生理上的缺陷或心理上的自卑感。有自卑感就是意识到了自己的弱点，就要设法予以补偿。强烈的自卑感会是一种动力，往往会促使人们在其他方面有超常的发展，这就是心理学上的"代偿作用"，即通过补偿的方式扬长避短，把自卑感转化为自强不息的推动力量。

美国"劈柴"总统林肯，补偿自己不足的方法就是通过教育及自我教育。他拼命自修以克服早期的知识贫乏和孤陋寡闻，他在烛光、灯光、水光前读书，尽管眼眶越陷越深，但知识的营养却给了他全面的补偿，最后使他成了有杰出贡献的美国总统。

许多人都是在这种补偿的奋斗中成为出众人物的。古人云："人之才能，自非圣贤，有所长必有所短，有所明必有所蔽。"从这个角度上说，天下无人不自卑。通往成功的道路上，我们完全不必为"自卑"而彷徨，只要把握好自己，成功的路就在脚下。

为了克服自卑，我们还可将注意力转移到自己感兴趣的也最能体现自己价值的活动中去，可通过致力于书法、绘画、写作、制作、收藏等活动，从而淡化和缩小弱项在心理上产生的自卑阴影，缓解心理的压力和紧张。每当做好一件工作，我们便能获得进一步的信心；而有了信心，又可使我们获得别人的赞美，进而得到心理上的满足。连锁的美好反应，是让我们走向成功的推进器，会使我们攀得更高、看得更远，彻底发挥所长，并获得自己想要的人生境界。

04　学会低调

我们在这个社会生存，就该懂古人告诫过我们的那句名言："木秀于林，风必摧之；行高于人，众必诽之。"嫉妒是人性固有的弱点，如果你无法让自己放低姿态处世，即使才能再突出卓越，都不可能赢得世人的认可。也就是说，即使你想攀缘，有能力攀缘，如果没有人愿意做梯子供你使用，你也无法走你的攀升之径。所以，要达到你的高标生存境界，学会低调是必要的。

有一位博士毕业后去找工作，当他拿出那一大堆证书时，好多家公司都不敢录用他。为此，他非常懊恼，思来想去，他还是决定收起所有的学位证书，以一种"最低身份"去求职。

不久，他被一家公司录用为程序输入员。这对他来说简直是"高射炮打蚊子"，但他仍干得一丝不苟。不久，老板发现他能看出程序中的错误，非一般的程序输入员可比。这时他亮出自己的学士证书。老板给他换了个与大学毕业生相配的岗位。

过了一段时间，老板发现他时常能提出许多独到而有价值的建议，远比一般的大学生要高明，于是对他另眼相看。这时，他又亮出了硕士证书，老板很快又提升了他。

再过了一段时间，老板觉得他还是与别人不一样，就对他"质询"，此时他才拿出了博士证书。于是老板对他的水平已有了全面的认识，毫不犹豫地重用了他。

以退为进、由低到高，这是一种自我表现的高超艺术。

人不怕被别人看低，而怕的恰恰是自己把自己看低。在必要的时候，可以暂时藏起"高"，退一步试试，因为你可以重新找到一条生存的路。

老子曾经告诫世人："不自见，故明；不自是，故彰；不自伐，故有功；不自矜，故长。"这句话的大意是，一个人不自我表现，反而显得与众不同；一个不自以为是的人会超出众人；一个不自夸的人会赢得成功；一个不自负的人会不断进步。

做事需要放下架子。"放下架子"的人比放不下架子的人，在竞争上多了几个优势：

能放下架子的人，他的思考富有高度的弹性，不会有刻板的观念，能吸收各种资讯，形成一个庞大而多样的资讯库，这将是他的本钱。

能放下架子的人能比别人早一步抓到好机会，也能比别人抓到更多的机会，因为他没有架子的顾虑！

有一位大学生，在校时成绩很好，大家对他的期望也很高，认为他必将有一番了不起的成就。但是，这位大学生的成就并不是在政府机关或大公司里，而是卖面线（一种名小吃）卖出了成就，最后竟然成了当地一家很大的饭店的老板。

原来，他大学毕业后一时没有找到工作，得知家乡附近的夜市有一个摊子要转让，他就向家人借钱把它顶了下来，自己当起小老板来了。他的大学生身份曾招来很多不以为然的眼光，但却也为他招来不少生意。他自己倒从未对自己学非所用及高学低用怀疑过。他的口头禅就是："放下架子，路会越走越宽！"

人在人格上都是平等的。区别高度的也就仅有那一点点的附加值。所以，任何人都无须因为那一点点可怜的附加值就认为自己不可一世。你越是那样认为，别人越不会认为你有何资本值得别人去尊重你。以一种零心态示人、策己，才是真正的聪明人，也才能最终取尽精华，达到高境界。

05　不显不露谓之低调

大多数人在春风得意时都极易喜形于色，夸耀自己；身处高位，都易颐指气使，飞扬跋扈；稍有才能便妄自尊大，目中无人，那种唯恐天下人不知的彰显心理不知害了多少人。保持低调行事作风的人却恰恰相反。他们无论在什么情况下都不显山露水，不愿意让别人看到自己高出于人的那一面。

比如唐朝大将郭子仪因为平叛有功所以备受器重。但功高权重的郭子仪，被宦官们视为眼中钉。代宗大历二年十月，正当郭子仪领兵在灵州前线与吐蕃军拼杀的时候，鱼朝恩却偷偷派人掘了他父亲的坟墓。当郭子仪从泾阳班师回朝时，朝中君臣都捏了一把汗，怕他回来不肯和鱼朝恩善罢甘休，闹得上下不安。郭子仪入朝的那一天，代宗主动提了这件事，郭子仪却躬身自责，说："臣长期带兵打仗，治军不严，未能制止军士盗坟的行为。现在，家父的坟被盗，说明臣的不忠不孝已得罪天地。"君臣听了，都由衷地佩服郭子仪坦荡的胸怀。

郭子仪心里明白，自己功劳越大，麻烦就越大，就是当朝皇帝代宗，也会对自己有所顾忌。所以他处处谨慎小心，低调处事以求自保。每次代宗给他加官晋爵，他都恳辞再三，实在推辞不掉，才勉强接受。广德二年，代宗要授他"尚书令"，他死也不肯，说："臣实在不敢当！当年太宗皇帝即位前，曾担任过这个职务，后来几位先皇，为了表示对太宗皇帝的尊敬，从来没有把这个官衔授给臣子，皇上怎能因为偏爱老臣而乱了祖上规矩呢？况且，臣才疏德浅，已累受皇恩，怎敢再受此重封呢？"代宗没法，只得另行重赏。

郭子仪以豁达大度和深谋远虑，得以保全了自己。他位极人臣，满堂儿孙，享尽了人间荣华富贵。

有一出戏叫作《打金枝》，其中代宗曾对公主说："你公公若想当皇帝的话，还真轮不到我们老李家！"可见郭子仪功高盖世，但他深知谁能一人打天下呢？官与钱不能都一人独得。适当的时候要表现得低调一些，为别人提供点儿方便也是理所当然的事。

但并不是所有的人都能保持如此清醒的头脑。这就是许多为人臣者虽然战功赫赫却最终落得身首异处的原因。精通世事的人很清楚其中的道理，他们以低调换取了永享安康富贵，达到了生存的至高境界。

汉更始元年，刘秀指挥昆阳之战，震动了王莽朝廷。然而，刘秀兄弟的才干也引起了更始皇帝刘玄的嫉妒。刘玄本是破落户子弟，投机参加了农民起义军，没有什么战功，自当上更始皇帝后，又整日饮酒作乐，不事朝政。刘玄怕刘秀兄弟夺取了他的皇位，便以"大司徒刘王寅久有异心"的莫须有罪名，将立有战功的刘王寅杀害了。刘秀接到兄长刘王寅被杀害的消息，几乎昏厥，但当着信使的面仍极力克制自己，说道："陛下至明。刘秀建功甚微，受奖有愧，刘王寅罪有应得，诛之甚当。请奏陛下，如蒙不弃，刘秀愿尽犬马之劳。"转而，刘秀又对手下众将说："家兄不知天高地厚，命丧宛县，自作自受。我等当一心匡复汉室，拥戴更始皇帝，不得稍有二心。皇帝如此英明，汉室复兴有望了。"刘秀的这种虔诚态度，感动得众将纷纷泪下。刘秀突然遭此打击，自然难以忍受。然而他心里清楚，刘玄既然杀了兄长，对他刘秀也难以容得下。此后，刘秀对刘玄更加恭谨，绝口不提自己的战功。刘秀的行动，早已有人密报给刘玄。刘玄在放心的同时，觉得有些对不起刘秀，便封刘秀为破虏大将军，行大司马之事，并令刘秀持令到河北巡视州郡。刘秀借机发展自己的力量，定河北为立足之地。更始三年初春，刘秀实力已壮，便公开与刘玄决裂。更始三年（公元 25 年）六月己末日，刘秀登基，是为光武帝，建国号汉，史称东汉。此时，刘秀只有 32 岁，正是年轻气盛、成就大业的时候。以屈求伸，"忍小愤而就大谋"，终使刘秀化险为夷，创建了东汉王朝。

力求出人头地，是一种积极的人生态度，无可厚非。但急于出头，行高于人，让自己鹤立鸡群，必定会遭遇别人的嫉妒和排斥。细观郭子仪和刘秀的处世之态，也许你会得到许多启发。你可以让自己的才能高出于人，但绝不可让自己显出高人一等的姿态。不显不露是一种低调，也是生存达到更高境界的有力保障。

第二章

内敛做人，张扬做事

——既要展示自己又不要强加于人

外露是感性的一面镜子。外露做人要求我们要善于把握住机遇，发挥自己的优势，充分展现自我风采。内敛是理性的化妆，给人以自然美的印象。只有这样的美才会深入人心。内敛做事，要求我们在办事时别将自己的意见强加于人，不要指望别人感激你。具有外露的性格特点和内敛的行事风格的人就像对着镜子进行"理性的化妆"一样，会在人生的道路上展现出"迷人的风采"。

01 大张旗鼓地推销自己

性格外露的人就好像是个热情的推销员，能很快把自己推销给周围的人。一个人要想在社会生活中取得明显绩效，就一刻也离不开他人的理解、支持和配合，而要想获得别人良好的对待，就必须首先使自己的价值、目的、要求等等为人所知。这就是宣传自己，那些处处隐藏真实的自己的人，只会在竞争激烈的环境下被淘汰。

唐代四川才子陈子昂进京赶考，当时他的名字无人知晓。他整日冥思苦想，如何才能提高自己的声望。

有一次，街上有个人卖胡琴，要价一百万。那些豪绅贵族们打量了许久，无人能识出真假。这时，陈子昂突然出现在卖主面前，对卖琴的人说："到我家去取钱吧！这琴我买下了！"众人很吃惊，陈子昂答道："我擅于演奏这种乐器。"大家都说："可以听听你演奏的曲子吗？"陈子昂说："如果愿意，你们明日可以到宜阳里会合，到时我为大家演奏。"

第二天，众人纷纷赶到宜阳里，只见陈子昂已将酒菜准备齐全，胡琴就放在席前。吃喝完毕，陈子昂激动地对众人说："我陈子昂本是四川才子，有文章一百轴。可惜的是，我来到京城，风尘仆仆，却不为人知。这种乐器是低贱的乐工所演奏的，我怎么会对这玩意感兴趣呢？"说罢，举起胡琴摔碎在地上，然后，把文轴遍赠予参加宴席的人。

说来也真神，几日之内，陈子昂的名声便响遍了京城。

看来，才子陈子昂在宣传自己方面也很内行。他抓住当时人们注重才能技艺的心理，借助高价购琴，吸引了人们的注意力，最终达到了宣传自己的目的。

无独有偶，东海地方有位姓钱的老头，也很懂得宣传自己的道理。

这位钱老头从小户人家发家致富。有了钱之后，想搬到城里去住。有人告诉他，城里有一处房宅，开价七百两银子，房主就要卖了，应该赶快去买来。钱老头儿看了房子，然后，用一千两银子的价格谈成了交易。子侄们很不理解，都说："这房子已经有了定价，您多花三百两银子做什么？难道是有钱没地方花了吗？"老头儿笑道："这道理不是你们所能懂得的。我们是小户人家，房主不把房子卖给别人而卖给我们，不提高点儿价格，怎么能堵住大伙儿的嘴？况且，房主的欲望得不到满足，肯定和你纠缠不清。我多花三百两银子，房主的欲望满足了，那些想买这房子的人们再也不敢在我的房子上面打主意了。从此以后，这房宅作为我钱家的产业，就可以世代相传了。"

事情正如钱老头所料，这家房主对卖出的其他房子，出手之后，大都嫌价钱低，要求加价，争个不停，而钱家买的房子却没引起争端。

陈子昂和钱老头儿的做法，有一个共同之处，就是宣传自己，通过外露的方式，解决了想要解决的问题。

早在古希腊时期，有权有势的王公贵族为了树立自己的形象，便雇诗人给他们写赞美诗。罗马人还雇用游说者赞美主人的美德。罗马的著名人物恺撒，使用宣传自己的心术，极为成功。他曾被派遣高卢去统率军队，在罗马军团进军途中，他命人把自己军队的情况及时送往罗马。这些战报使用人民的语言，生动幽默，常常在罗马广场被人们传诵。因为他自我宣传做得出色，当他作为胜利军队的领袖返回罗马以后，人们拥护他做了皇帝。

宣传自己的战术，在现代社会得到越来越多的人的注意。公共关系学出现以后，将宣传自己作为核心内容纳入到自己的体系之中，进一步扩大了它的影响。从一定的意义上可以说，生活在当今时代，企业不会宣传自己，就不会赢得更多的利润；领导不会宣传自己，就不能获得广泛而深远的影响力；演员不会宣传自己，就不会有很多的观众；教师不会宣传自己，就不会得到学生的信任和爱戴……

不能宣传自己，就会埋没自己！

02 展露表现欲，争取自己该得的东西

人的一生所能遇到的大机会并不多，当机会出现时要懂得去争取，要有一种舍我其谁的表现欲才行。

"世有伯乐，然后有千里马"，一匹千里马如果能遇到伯乐是十分幸运的，但"千里马常有，而伯乐不常有"。一个人才要想脱颖而出就要善于外露，在外露中展示自己的才能。

孔子说：只要是行仁义的事，就是在老师面前也不必谦让。

在《里仁》篇里，孔子曾说：君子对于天下的事，无可无不可，只要符合正义就行。所以，孔子的学生说他是"毋必，毋固"，即不死板、不固执的意思。

孟子更是赞美说：该快就快，该慢就慢，该做官就做官，该辞职就辞职，这就是孔子啊。

翻开史册，战国时期的毛遂、三国时的黄忠，还有许多的改革家，这些人无不怀有远大抱负，但更让我们佩服的是他们勇于自荐，他们充分相信自己的能力。由于自荐，他们才没有被埋没。

现在有些人不理解那些勇于自荐、善于表现的人，说那是"出风头"和"目中无人"。其实不然，不管是"日心说"的捍卫者布鲁诺，还是"相对论"的提出者爱因斯坦，他们都时刻表现着自己的才华。他们的"表现"已得到世人的认可。他们一生都在燃烧，将自己的热情全部释放出来，表现自己的亮度。如果你不去点燃，那么你的亮度就会像被缓慢氧化一样，慢慢消失殆尽。

在赛跑的跑道上，第一步的领先很可能意味着最终的胜利，所以，决定你一生中的成败得失，或许就在于你是否敢亮出你自己。

强烈的表现欲是增长自己才干的加速器，一般说来，表现欲旺盛的人参与意识和竞争观念都比较强，他们能以积极的心态对待自己，把当众表现当成快乐和机会，主动地寻找表现的场合，甚至敢与强手公开竞争。所以，他们就比一般人多了参与实践的机会。比如，在会议上发言，表现欲强的人常常主动发言，谈自己的观点。这些观点也许不成熟、不完美，但是他们敢说出来与各种意见相辩论，如此不断实践，他们的口才就会得到锻炼，思想水平会得到长足的提高。

进而言之，表现欲强的人通常都注意塑造自我形象，有较高的追求。他们为了当众塑造良好的形象，必然以此为动力，努力学习，勤奋工作，不断充实自己，使自己获得真才实学。

强烈的表现欲是推销自己的驱动力，一个有才干的人能不能得到重用，很大程度上取决于他能否在适当场合展示自己的才能，并赢得别人的认可。如果你身怀绝技，但深藏不露，他人就无法了解，到头来也只能空怀壮志、怀才不遇了。而有强烈表现欲的人总是不甘寂寞，喜欢在人生舞台上唱主角，寻找机会表现自己，让更多的人认识自己，让伯乐选择自己，使自己的才干得到充分发挥。从一定意义上说，强烈的表现欲是推销自己的前提。

需要指出的是，表现欲有积极与消极之分。两者的界限就在于自我表现的动机和分寸的把握。如果一个人单纯为了显示自己，压倒别人，争个人的风头，甚至玩小动作，贬低别人，突出自己，这种表现欲就失之于狭隘自私，易于使人生厌，使自己成为众矢之的，那就没有什么积极意义可言了。

总之，只要具有积极的心态，并选择与自己性格相一致的表现形式展示自己，参与竞争，就有利于实现自己的人生价值。

只有英勇的行动，才能造就你平凡而伟大的人生。在"该出手时"，你没有缩手，人们就会永远地记起你的优秀。《三国演义》中的张飞如此鲁莽，《水浒传》的武松、李逵如此暴躁，我们却一直忘不了他们，原因就是一条——他们能在危难的时刻挺身而出，这是一般人做不到的。

因为，大事勇谋而失败，强如不谋一事无疾而终。敢于表现自己，不要怕冒什么风险，没有冒过险的生命绝不会有精彩的篇章。

03　想办法让自己的长处发挥作用

所谓发挥自己的优势，就是要抓住机遇表现自己，当然是把你最好的方面展现给大家看。正如感性是漂亮的外衣，理性是柔和的内衣一样。两者配合在一起，才能成为一个有持久魅力的人。理性是增加做人德性的重要因素，相比感性来说，理性的强弱不容易察觉，因而更内在，一般来说，对于中年人来说，理性容易坚持，感性不易培养，而充满理性的人则令人生畏，这种令人敬畏的气质是我们达成完美人生不可缺少的。所以，如何发挥自己的优势以在感性与理性的水火中挣扎着走出一条自己的路子来，是每个人都应该认真思考的问题。

人活在世上，都有自己安身立命的本事，有的长于交际，有的长于思考，有的善于猛打猛冲，快速出击，立竿见影，有的善于稳扎稳打，步步为营，一步一个脚印，稳步前进……如何发挥自己的长处，避免自己的短处和不足，是克敌制胜、取得胜利的重要条件。

要想发挥自己的长处，首先需要发现并保持自己的长处。古希腊有一句格言："认识你自己。"虽然每个人都有自己的优势和劣势，有长有短，但并不是每个人都对自己的长短优劣有个清楚的认识和了解，生活中我们总能发现舍长就短，终生遗憾的悲剧。而那些自知程度较高、对自身长短利弊了如指掌的人们，往往能够自觉地保住自己的优势，发挥自己的长处，抓住机遇表现自己，取得生活的主动权。

汉武帝有一位贵妃李夫人得了重病，卧床不起，皇帝亲自到她床前探病，李夫人蒙被致歉道："妾久病在床，样子难看，不能见皇上，看我现在的病情，恐怕不久于人世了。我想把我的儿子和兄弟托付给您，请您关照。"皇上说："夫人病重，卧病在床，你的嘱咐我一定照办，请放心吧！但你病到这个程度，还是让我看一看吧！"李夫人说："女人不把容貌化妆好，不能见君王、父亲，妾不敢破这个规矩。"皇上说："夫人只要见我一面，我会赐给你千金，而且封你的兄弟做大官。"李夫人说："封不封官，那是皇帝您的事，不在于见不见我一面。"皇上又请求李夫人让他见一面，李夫人索性转向内侧，不再说话。没有办法，皇上不高兴地站起身离开了。皇上走后，姐妹们都责备李夫人，她们说："既然你托付兄弟给皇上，为什么不见皇上一面呢？难道你埋怨皇上吗？"李夫人说："我们是用容貌去侍奉人的，我们的长处是长得好看，一旦容颜衰老，就不招人喜欢了，皇上不喜欢你，自然无情无义。皇上之所以还依恋着我，是因为我过去容貌美丽，如今，我久病貌衰，一旦被皇上看见，必然遭到皇上的厌恶背弃，他怎么还能想念我而厚待我的兄弟呢？考虑到这些，我以为还是不见皇上的好，并且郑重其事地把兄弟托付给他。"不久，李夫人病故，皇上对她思念不已，因此对李夫人的兄弟也很关照。

李夫人对自己的优势和长处——自己的美貌，认识得特别清楚。尽管久病之后，她的美貌已不存在，但她留给皇上的印象却还是没变，为保住这一优势，她便采取了蒙被子说话、不让皇上看见脸的方式，最终达到了预期的目的。

还有一个故事也说明了这个道理。

齐国宰相田婴，想在自己的封地薛地筑城，发展私家势力，以备不测。人们纷纷劝阻，田婴下令任何人不得进言。这时，有一个人请求只说三个字，多一个字，宁肯杀头。田婴觉得很有意思，请他进来。这个人快步向前施礼说："海大鱼。"然后，回头就跑。田婴说："你这话外有话。"那人说："我不敢以死为儿戏，不敢再说话了。"田婴说："没关系，说吧。"那人说："您不知道海里的大鱼吗？渔网拦不住它，鱼钩也钩不住它，可一旦被冲荡出水面，则成了蚂蚁的口中之食。齐国对于您来说，就像水对于鱼一样，您在齐国，如同鱼在水中，有整个齐国庇护着您，为什么还要到薛地去筑城呢？如果失去了齐国，就是把薛城筑到天上去，也没有用。"田婴听罢，深以为是，说："说得太好了。"于是，停止了在薛地筑城的做法。

田婴本来是齐威王的相，宣王即位后，不太喜欢田婴。田婴筑薛城，是想建设一个退身之地。表面上看，这也不失为一个较好的计谋，但是，齐国谋士认为，田婴此行的最大弊病，是丢了自己的优势。田婴的长处是经营整个齐国，将齐国掌握在自己手中，以齐国为依托，就像渔网鱼钩都无能为力的海中大鱼一样，可以自由自在，就是齐宣王也不能将他怎么样。反之，到了薛地，地小人少，无法展开手脚，便会处于任人宰割的境地，不但不能保卫自己，反而适得其反。俗语云："虎落平川遭犬欺，落架的凤凰不如鸡。"

我们能从这两则历史故事中获得什么启示呢？那就是：

感性地问问自己：长处何在？

理性地告诫自己：如何发挥优势？

04 不要把美貌当成展现自我的唯一筹码

外貌对于一个人的成功确实能起到一定的作用：一个高大英俊的男子或一个漂亮娇媚的女子去办事，往往更容易在别人的好感中马到成功。但是一个人如果过于看重自己的外貌，并以此作为表现自己的最大优势，反倒可能让外貌成为成功之累。

自然有大美而不言美。人皆承认自然之美，但很少懂得享受自然之美。

人是大自然中最美的，女性美则是美中"精品"。

女性体型丰盈，线条流畅，高耸而富有弹性的胸部，圆润丰满的臀部，这种多层次、多曲线的相交极其和谐，呈现一种妩媚与雅致的风度，蕴藏着生命的活力。女性白皙的肌肤，俏丽的面庞，含情的目光，如鲜花初绽，如清露欲滴，令人赏心悦目。这是大自然赋予女性的天姿丽质，她们能唤起人世间美的遐想、美的追求。

女性又是爱的化身、情感的源泉，爱浸透她们的生命，表现出柔和、温顺、清纯的情感特质。人们常把女性的爱称为母爱，并引申为对祖国和大自然的爱。女性，孩提时充满天真梦幻，少女时热情动人，恋爱时温柔细腻，为母时宽容无私、自强不息、博爱善良。这些品质使女性成为人类爱的化身。

美是自然给女人的最初礼物，女人的美貌可以成为其高傲的资本，但绝不能保证其享有爱情的快乐。英国有句谚语说，最美的花常常先谢。外貌的美，禁不住时间的冲洗，会渐渐苍白、褪色。女人的吸引力并不是全部来自天生的美丽，女人的风度、仪态、言谈、举止以及见识，是她们引人注意的重要原因，也是能否长久吸引人的关键。

人是因为自然的美而成为真实的美，也是因为自然之美才变得美丽，人不是因为美丽才可爱，而是因为可爱才美丽。可爱体现了人的自然美。

人们对美貌女子关注追求，较之一般容貌的女子，总是要远胜一筹。那些俊秀妩媚、风姿绰约的女子，受到造化的垂青，天生的丽质往往令她们自信开朗，善于交际。

众多的追求者所构成的外部环境和善于交际的主观因素，常会导致她们人际关系的复杂化。美女周围是非多。美女们应何以自处呢？

嫉妒可以说是人的一种天性。人们对于美女，仰慕是一方面，嫉妒是另一方面。她们与异性的正常接触，对他们的热情被看作是轻佻，对他们的冷漠又被视为清高孤傲。就是在同性之间，她们也常常因为出众而遭到众人非议。她们左右为难，无所适从。美貌无罪，但为什么却成为流言蜚语的来源？为什么成为一些心地卑劣的人所要侵害的对象？

不过，美貌也往往帮助她们在社会生活中获得高于一般女子的优厚待遇。美貌可以引人注目、令人赞美。有旅行经验的人知道，一个年轻貌美的女子在拥挤不堪的火车上很快就可以找到座位，美女遇到困难和麻烦时总有人乐意挺身相助，而她所付出的可能仅仅是温柔妩媚地一笑。

成也美貌，败也美貌。美女们必须具有一个镇定自若的聪慧头脑、一套高水平的社交艺术和技巧，方可摆脱流言的困扰。只要她们对美貌的价值评估得当，正视自身的价值，就会发现生活待自己是相当优厚的，当然，她必须有能力把握住这种优势。

少数漂亮女子涉世之初便遭遇人际关系的障碍和失败，她们从此变成了冷美人，冷眼看人生，悲观厌世，消沉自弃，这实在是有负于上天的恩赐。另有些人，自命不凡，对任何人和物都趾高气扬、盛气凌人，她们忘记了人不是因为美丽才可爱，而是因为可爱才美丽，长此以往，她们的吸引力就会荡然无存。还有些漂亮女子，试图靠自己的姿色挣得整个人生，贪图享乐，玩世不恭，放荡不羁，到头来，只会落得无人问津。

爱美之心人皆有之。人喜欢追求完美。对于人天生有缺陷的体型和面孔，现代人丝毫不必悲观。每个人身上都有优点和缺点，只要在其他方面弥补其缺点而增添其优点，如此，即可使自己显得更"美丽"动人，这才是现代美人的特征。记住，人因可爱才美丽，不是因美丽而可爱。

第三章

严谨成事宽容致福

——宽严之间体现做人做事的高境界

宽容做人，至少你不会在乌云密布、看不见阳光的日子生活，相反，你会发觉春光明媚，世界无限大、无限美好。严谨做事，至少你不会等到冰雪融化时，才想起水的可贵，相反，你会发觉下雨天其实真的很美，一切事物都在雨水的灌溉后，变得更加鲜艳丰满。

01 给人面子，他会感谢你

就算是别人犯了错，而我们是正确的，如果没有为别人保留面子，也可能会让事情演化得更加糟糕。

给他人留一个面子！这是一个何等重要的问题！而我们却很少有人会认真考虑到这个问题。我们总喜欢摆臭架子，自以为是，当面指责雇员、妻子或孩子，而没有多思考几分钟，讲几句关心的话，设身处地为他人想一下。如果我们真的那么做了，我们就可以避免许多难堪尴尬的场面了。

有一段时间，通用电器公司遇到一个需要慎重处理的问题——公司不知该如何安排一位部门主管马切尔的新职务。马切尔原先在电器部是个一级技术天才，但后来调到统计部当主管后，工作业绩却不见起色，原来他并不胜任这项工作。公司领导感到十分为难，毕竟他是一个不可多得的人才，何况他性格还十分敏感。如果激怒惹恼了他，说不定会出什么乱子！经过再三考虑和协调之后，公司领导给他安排了一个新职位：通用公司咨询工程师，工作级别仍与原来一样，只是另换他人去管理他原来的那个部门。

对此安排，马切尔自然很满意。公司当然也很高兴，因为他们终于把这位脾性暴躁的大牌明星职员成功调遣，而且没有引起什么风暴。

一家管理咨询公司的会计师说："辞退别人有时也会令人烦恼，被人解雇更是令人悲伤。我们的业务季节性很强，所以，旺季过后，我们不得不解雇许多闲置下来的人员。我们这一行有句笑话：没有人喜欢挥动大刀。因此，大家都担心，唯恐避之不及，那解雇人的任务就会安排到自己头上，只希望日子赶快过去就好。例行的解雇谈话通常是这样的：'请坐，吉姆先生。旺季已经过去了，我们已没什么工作可以交给你做了。当然，你也清楚我们……'

"除非不得已，我绝不轻易解雇他人，而且会尽量婉转地告诉他：'吉姆先生，你一直做得很好（假如他真是不错）。上次我们要你去油瓦克，那里的工作虽然很麻烦，而你处理得很完美。我们很想告诉你，公司以你为荣，十分信任你，愿意永远支持你，希望你不要忘记这里的一切。'如此，被辞退的人感觉好过多了，至少不觉得被遗弃。他们知道，如果我们有工作的话，一定会继续留住他们的。要是等我们再需要他们的时候，他们也是很乐意再投奔我们。"

宾夕法尼亚州的佛雷德·克拉科，谈到发生在他们公司的一件看似微小但影响颇深的事情：

在一次开业务会议的时候，副总经理提出了一个严重的问题，是有关生产过程的管理问题。由于他把问题的矛头直接指向生产部总管，一副准备找碴的样子。为了保全面子，生产部总管对问题避而不答。这使副总大为恼火，直骂生产部总管是个伪君子。

说实在的，那位总管一直是个兢兢业业的员工。但从那天开始，他再也不愿像往常一样留在公司里了。几个月后，他跳槽到了另一家公司，据说成绩显著。

玛莎小姐也遇到过类似的情形，可是由于她的上司颇具人情味的处理方法给她留足了面子，结果自然与前者不同。玛莎小姐应聘到一家公司做市场调研员时，她的第一份差事就是为一项新产品做市场调查。她说道："当结果出来的时候，我几乎瘫倒在地，由于计划工作的一系列失误导致整个事件完全失败，必须从头再来。更不好处理的是，报告会议马上就要开始，我已经没有时间了。

"当他们要求我拿出报告时，我吓得不能控制自己。为了不惹得大家嘲笑，我尽量克制自己，因为太过于紧张了。我简短地说明了一下，并表示我需要时间来重做，我会在下次会议时提交。然后，我等待老板大发脾气。

"出乎意料，他先感谢我工作认真，并表示计划出现一些错误，在所难免。他相信新的调查一定准确无误，会对公司有很大帮助。他在众人面前肯定我，让我保全了颜面，并说我缺少的是经验，不是工作能力。

"那天，我挺直胸膛离开了会场，并下定决心不再犯同样的错误。"

从那以后，玛莎小姐的市场调研工作果然做得十分出色，工作中和公司的其他部门配合得很好。

实际上，就算是别人犯了错，而我们是正确的，如果没有为别人保留面子，也会毁了一个人。传奇性的法国飞行员兼作家圣苏荷依写过："我没有权利去做贬抑任何一个人自尊的事情。伤害他人的自尊不啻一种罪过。"

一位英明的领导者会遵行这个重要的原则，怀特·摩洛拥有调解激烈争执的非凡能力。他是怎么做的呢？很简单！他只是小心翼翼地找出双方正确的地方，并对此加以赞扬，并积极地强调。他有一个很坚定的调解原则，那就是他从不指出任何人做错了什么事情。

世界上任何一位真正伟大的人，绝不浪费珍贵的时间去羞辱失败者。1922年，土耳其在经过长期的殖民统治之后，终于决定把希腊人逐出土耳其。凯墨尔对他的士兵发表了一篇拿破仑式的演说，他说："你们的目的地是地中海。"于是近代史上最悲惨的一场战争展开了。最后土耳其获胜，而当希腊将领前往总部投降时，几乎所有土耳其人都对他们击败的敌人加以羞辱。

但凯墨尔丝毫没有显出胜利的傲气。"请坐，先生。"他说着，并握住他们的手："你们一定走累了。"然后，在讨论了投降的细节之后，他安慰他们失败的痛苦。他以军人对军人的口气说："战争这种东西，最优秀的将领有时也会打败仗。"

凯墨尔即使是沉浸在胜利的喜悦中，仍能做到照顾手下败将的面子，这是多么可贵的一种行动！

可见，保留他人面子不仅是一种宽容的表现，更让人觉得你尊重别人，别人自然也会尊敬你、感谢你。

02　以退为进

《菜根谭》上说："路径窄处，留一步与人行；滋味浓时，减三分让人食。"此是涉世的一种手法。留一步，让三分，是一种谨慎的处世方法，适当的宽容不仅不会招致危险，反而是寻求安宁的有效方式。在与人交往中，除了原则问题必须坚持，对于小事，对于个人利益，宽容一下会带来身心的愉快以及和谐的人际关系。有时，这种"退"即是"进"，"舍"就是"得"。

为人处世，遇事要有退让一步的态度才算高明，让一步就等于为日后的进一步打下基础。给朋友方便，实际上是给自己日后留下方便。宽容是美好心性的代表，也是最需要加强的美德之一。乐观、上进、宽容是分不开的。眉间放一字"宽"，不但自己轻松自在，别人也舒服自然。宽容是一种坚强，而不是软弱。宽容要以退为进、积极地防御。宽容所体现出来的退让是有目的有计划的，主动权掌握在自己的手中。

无奈和迫不得已不能算宽容，而把时间放在无理的取闹中更是不值得的。

有这样一个故事：

有一户人家非常好客，凡是有朋友来访，主人总是准备好酒好菜，热心地招待客人。直到宾主喝得酩酊大醉，才罢休。

一天，一位久未谋面的老友来访，主人喜出望外，热情地烹烧菜肴，这时，主人忽然发现酱油没了，急忙唤小儿去买。"爸爸，你放心！一切都包在我身上！"小儿子拍拍胸脯走了。主人安心地折回厨房，二十分钟过去了，儿子还没有回来，他想，也许是杂货店的老板生意忙不过来，再耐心地等一会儿就好了。但是一个小时，甚至是两个小时都过去了，儿子还是杳无踪影，客人饿得饥肠辘辘，主人也急得如同热锅上的蚂蚁，猜想儿子也许在路上出了意外。

最后，主人终于按捺不住了，夺门而去寻找儿子。他焦急地向街口奔跑而去，找了一遍没有，从另外一条路返回，却忽然发现儿子正站在一座桥的中央，和另外一个孩子青眼对着白眼，彼此对峙着，谁也不让谁，儿子的手中正拎着一瓶乌黑的酱油。主人十分生气，上去对着儿子就是一顿大喊："你还愣在这里干什么呢？知道不知道家里正等着你的酱油下锅啊！？"儿子动也不动，嘴上说着："爸爸，我买好了酱油，正要赶回家，没想到在桥上碰到了这个人，挡住了我的去路。说什么都不让我过桥！"儿子的口气中虽有委屈，但更理直气壮。

主人似乎被激怒了："喂！你这个小孩子，怎么如此不讲理呢？挡住我儿子的路！咱们井水犯不着河水，赶快让开啊！""奇怪了不是？不知道是谁挡住了谁的去路：你走你的阳关道，我过我的独木桥！明明是你儿子挡住了我的路，我碍着你们什么了？"那个孩子也毫不示弱地抢白着。

虽然，这种故事不是经常发生，但现实生活中，矛盾无处不在，所以我们在日常交往中应学会以退为进，学会宽容别人，这样矛盾也不会冥顽不化，宽容是一种可取的人生态度。正是这种态度，让我们的世界更加美好，使我们家庭关系和睦，人际和谐，还有益于我们身心的健康。

03　做事不能没有分寸

人生就像酿造美酒，酒有度而人生也有度，有过喝酒经验的人都知道，如果一个人喝酒经历较早，酒量就会很大，那么，相对来讲，他对酒的适应力也会增强。对于人生来说，未来会遇到什么，我们也许不知道，这就要求我们在做事时要把握好度，要有分寸，这样才能如行云流水，游刃有余。

一位担任中学班主任的老师曾经对班上一位一贯调皮的学生感到头痛不已，虽然多次苦口婆心地教育，总是不见效果。此时，恰逢学校承担了天安门广场前检阅方队的排练任务，学校要求选派少数最好的学生参加，而这个学生也十分渴望参加。班主任突然灵机一动，将这个学生列入了排练名单，并找他谈话，告诉他其实他并不合格，但老师认为他有巨大的潜力，如果努力，一定能够出色完成这个任务。这个学生感到了老师对他的信任，立刻表示一定能够承担这一重任。结果在数月的苦练过程中，这个学生表现非常出色，受到了学校的表扬，并从此痛改前非，焕然一新，后来还当上了班长。

由此可见，对一个人来说，做事有分寸真的很重要，这种方式在团队中、企业中显得尤为重要。在一个团队中，如果成员能把握好自己的尺度，各尽所能就会有好的成绩。如果没有把握好分寸，团队内部互相拆台，把责任一股脑儿地推到别人身上，就会降低大家的信心和决心，这样往往把工作搞得没有生气，结果对所有人都不利。

当大家共同面对失败时，最忌讳的是有人说："我当时就觉得这办法不好，你应该负责那，我应负责这。结果弄得今天这个样子，如果照我的话做，绝不会是今天这种局面。"显然这种人是在推卸责任，或只是显示自己的高明，但结果不会很好。这等于是在火堆里浇汽油。

我们古代历史上做事讲究分寸的人很多，比如：刘邦平定天下后论功行赏，他认为萧何功劳最大，就封萧何为赞侯，食邑八千户。为此，一些大臣提出异议，说："我们披坚执锐出生入死，多的打过一百多仗，少的也打过几十仗，攻打城池，占领地盘，大大小小都立过战功。萧何从没领过兵打过仗，仅靠舞文弄墨，口发议论，就位居我们之上，这是为什么？"刘邦听后问："你们这些人懂得打猎吗？"大家说："知道一些。"刘邦又问："知道猎狗吗？"大家回答："知道。"刘邦说："打猎的时候，追杀野兽的是猎狗，而发现野兽指点猎狗追杀野兽的是人。你们这些人只不过是因为能猎取野兽而有功的猎狗。至于萧何，他却是既能发现猎物又能指点猎狗的猎人。再有，你们这些人只是单身一人跟随我，而萧何可是率全家数十人追随我的，你们说他的这些功劳我能忘记吗？"这一番话，说得诸大臣哑口无言。

在刘邦看来，功臣也有三六九等，就像猎人和猎狗一样，虽然都在为获取猎物忙碌个不停，但猎人的作用要大于猎狗，那么，把握好分寸，重用前者是无可非议的。

还有这样一则故事：

汉代时，汉武帝招贤纳才，对许多人才破格使用，这引起了人们的不满。汲黯不服，就对汉武帝讲了这样一段话："陛下任用群臣就像堆放柴草一样，后放的堆在上面。"意思是说资格浅的新人居资格老的旧臣之上。汉武帝时的汲黯，因为好直言，故而不得重用，一直不能晋升，比他官职低的人许多都晋职升迁，并且超过了他。而汉武帝回答说这是因为他用人只讲究才能，而不讲究资历。

正是因为汉武帝善用贤能，而不是埋没人才，才有了当时的繁荣局面。

天下人各有所能，物各有所用，不能以大肚量按能力严格任用就会坏事。

做事不能宽严无度、没有分寸，这是谨慎办事、严谨办事的体现，是理性做事的生存手段。

04 严谨不等于面无表情、不讲人情

在现实生活和工作中，严谨的做事态度固然必要，但一个人的面部表情如亲切、温和、充满喜气等，远比你穿着一套高档、华贵的衣服更吸引人，也更容易受人欢迎。因此，在严谨的同时还需注意你的表情，该严肃时就严肃，该放松时就放松，这才是做人做事应保持的状态。

史蒂芬是美国一家小有名气的公司总裁，他十分年轻，几乎具备了成功男人应该具备的所有优点：他有明确的人生目标，有不断克服困难、超越自己和别人的毅力和信心；他大步流星、雷厉风行、办事干脆利索，从不拖沓；他的嗓音深沉圆润，讲话切中要害；而且——他总是显得雄心勃勃，富于朝气。他对于生活的认真与工作的严谨是有口皆碑的，而且，他对于同事们也很真诚，讲求公平对待，与他深交的人都为拥有这样一个好朋友而自豪。

但初次见到他的人却对他少有好感，这令熟知他的人大为吃惊。为什么呢？仔细观察后才发现，原来他过于严肃，待人接物时几乎没有表情。

他总是目光炯炯，脸色冰冷，双唇紧闭。即便在轻松的社交场合也是如此。他在舞池中优美的舞姿几乎令所有的女士动心，但却很少有人同他跳舞。公司的女员工见了他更是畏如虎豹，男员工对他的支持与认同也不是很多。而事实上他只是缺少了一样东西——表情。表情是一种感性的东西，它可以体现你的宽容，你的接纳，你的愤怒，你的排斥，你的开心，恰当的表情缩短了你和别人的距离，使人与人之间心心相通，真诚地关爱。

与同事相处，应当热情，当他需要你的帮助时，你应主动搭讪，而不是冷眼旁观。当他获得成功时，你应该表示祝贺，当你碰上公司任何一个同事时，应该微笑着打招呼，你想想：当你走到办公室，发觉人人对你视若无睹，没有人愿意与你讲话，也没有人与你倾吐工作中的苦与乐时，你会怎么想？即使你专心于你的工作，但过于严肃的外表阻挡了周围人对你应有的热情，你在一个与同事一起工作的地方，而没有多少人与你沟通，你会快乐吗？

严谨的做事态度和风格与过于严肃的待人处世的表情是两码事，只有恰当区分，才能让严谨成为自己成事的助力。

05　在宽严之间找到一个结合点

宽严结合在对部下和员工的管理上能够发挥出更大的效力，那么如何结合才能达到最佳效果呢？是严还是宽？是刚还是柔？一个经验是：应该以慈母的手，握着钟馗的剑。也就是说要胸怀宽宏，但处理问题则要严厉、果断，绝不能手软。

上司对于下属，应是慈母的手紧握钟馗的剑，平时关怀备至，犯错误时严加惩罚，恩威并施，宽严相济，这样方可成功进行管理。

慈母的手，慈母的心，是每一个管理者都应具备的。对于自己的下属和员工，要维护和关怀。因为，他们是你的同路人，甚至是你的依靠。而且，也只有如此，才能团结他们，共达目标。

美国威基麦迪公司老板查里·爱伦当选为1995年美国最佳老板。他是靠什么当选的呢？一是他每年都在美国的加勒比海或夏威夷召开年度销售会议；二是他非常关心员工的生活，能认真听取公司员工诉说自己的困难和苦恼。一旦员工家中有什么事情，他会给一定的假期，让其处理家事。由于他能与员工同呼吸、共命运，深受员工的爱戴。顾客们到他的公司后，看到公司员工一个个心情愉快，对该公司就产生了安全感，所以公司效益一直很好。

又如，日本八佰伴的总裁和田努力创造一个积极、愉快、向上的内部环境，主要采用爱顾客首先要爱员工的方法。20世纪50年代末，八佰伴拟向银行贷款为员工盖宿舍楼，但银行以员工建房不能创效益为由一口回绝。

但是和田夫妇以关爱员工、员工才能努力为八佰伴创利的理由说服银行，终于建起了当时日本第一流的员工宿舍。

那些远离父母过集体生活的单身员工，吃饭爱凑合，和田加津总像慈母一样，每周亲自制定菜谱，为员工做出味美可口的饭菜。

在婚姻上，也像关心自己的孩子一样关心员工，和田先后为 97 名员工做媒，其中有一大半双职工都是八佰伴员工。

5 月份第二个周日是"母亲节"，和田加津想：远离父母、生活在员工宿舍的年轻人，夜里一个人钻进被窝时，一定十分怀念、想念父母。于是，她专门为单身员工的父母准备了鸳鸯筷和装筷匣。当员工家长在"母亲节"收到子女们寄来的礼物后，不仅给他们的孩子，也给公司发信感谢。一些员工边哭边说："父母高兴极了！我知道了，孝敬父母，父母高兴，只有让父母高兴，做子女的才最高兴。"

为了加强对员工的教育，除每天班前会之外，每月还定时进行一次实务教育。实务教育中的精神教育包括创业精神、忠孝精神、奉献精神等。和田清楚，孝敬父母是与别人和睦相处、服从上司领导的基础。能孝敬父母的员工，也会尊敬上司。所以她总是教育员工要尊重、关心自己的父母。

对待下属同时还必须严厉，这种严厉基于人类的基本特性而来。被称为经营之神的松下幸之助认为，一部分人不需要别人的监督和批评，就能自觉地做好工作，严守制度，不出差错。但是大多数人都是好逸恶劳，喜欢挑轻松的工作，捡便宜的事情，只有别人在后头常常督促，给他压力，才会谨慎做事的。对于这种人，就只能是严加管理，一刻不能放松。

松下幸之助认为，经营者在管理上宽严得体是十分重要的。尤其是在原则和制度面前，更应该分毫不让，严厉无比；对于那些违犯了条规的，就应该举起钟馗剑，狠狠砍下，绝不心软。松下说："上司要建立起威严，才能让部属谨慎做事。当然，平常还应以温和、商讨的方式引导部属自动自发地做事。当部属犯错误的时候，则要立刻给予严厉的纠正，并进一步地积极引导他走向正确的路，绝不可敷衍了事。所以，一个上司如果对部属纵容过度，工作场所的秩序就无法维持，也培养不出好的人才。换言之，要形成让职工敬畏课长、课长敬畏主任、主任敬畏部长、部长敬畏社会大众的舆论。如此人人严以律己，才能建立完整的工作制度，工作也才能顺利进展。如果太照顾人情世故，反而会造成社会的缺陷。"

当员工的工作表现逐渐恶化之时，敏感的主管必须寻找产生这个现象的原因，如果不是有关工作的因素造成的，那么很可能是员工的私人问题使他在分心。有些主管对这种现象不是采取"这不是我的责任"而忽视它，就是义正词严地警告员工振作起来，否则就卷铺盖走人。

无论如何，如果主管希望员工关爱公司，那么，管理者首先关心员工的问题，包括他的私人问题。因此，上述的处理方式可以说轻而易举，但是无法改善员工的表现。比较合理的方法应该是与员工讨论，设法帮助他面对问题，处理问题，进而改善工作成效。

宽容与严谨是一把双刃剑，兼顾两头，才会发挥出无穷的威力，偏向一方，不用一头，只会威力逐减。而管理者在管理中就需要这把双刃剑，一头体贴着员工，一头牵制着员工。

第四章

内心真实，外表包装

——懂得做人做事过程中实与虚的辩证法

在大多数人为了生存的需要努力遮掩自己的时候，
"真实"反倒会成为做人的一道亮丽风景。做人真
实的人可能会吃一时之亏，但终究会成为做人的赢
家。但是做人真实并不意味着做什么事情都让自己
以"原生态"的面貌出现，该包装自己的时候也要
会包装，尽管这是为求做事顺利不得已而为之。

01 最简单的才是最真实的

简单是什么？简单是把复杂化为单纯，把多样化为单一，把重负化为轻松，不为自己没有的东西悲伤，要为自己拥有的东西喜悦，简单是感性的一种享受，是快乐的境界。

孔子赞美颜回的简单生活，他对弟子说：简单就是美，简单就是快乐。简单的生活节约资源与时间，从而使人有更多精力去侍奉心灵，活得明白一些，快乐一些。

孔子原来想做大官，周游列国满世界跑，没有做成，只好铩羽而归，在家乡当了个教书匠。没想到一做就其乐无穷，他终于明白：

一是做小比做大更大。

二是该做什么就做什么，不要强迫自己。

孔子把自己的这两条智慧传给了弟子们，师生们全都受用无穷，每个人都快乐得不得了，一下子使儒家名声大震。

孔子最看重的大弟子颜回就是一个真实的人，他住的、吃的都很简单。

孔子、颜回这样的人是把简单当作享受，把简单的感性美灌注于理性的享受中。他们没有多少钱，也没什么所谓的身份地位，但他们快快乐乐，比有钱有势的人快乐。

《三国演义》中刘备被蔡瑁追杀，幸亏马跃过檀溪躲过一劫，在路上他看见一个牧童倒骑牛儿悠然而过，手中拿了一支竹笛信口而吹，显然玩得正高兴。刘皇叔见此不由一声感叹：

"吾不如也！"

刘皇叔的快乐程度当然比不上牧童，因为他太奔波太操心。刘备在没当皇叔前是个卖草鞋的小伙儿，那时他的快乐与这个牧童原本一样。后来因为立下了雄心壮志，结果就弄得这种简单的生活都享受不到了。

我们并不是说人不要有雄心壮志，而是说这不应该让人不快乐。如果让人不快乐，这是什么雄心壮志呢？不如不要。

真正的雄心壮志是找到真实的自我，让自己真正的快乐起来。

颜回做人不失本色，所以他居陋巷有滋有味，比住高楼大厦还过得好。

这其中有个技术性的窍门，那就是"生活简单是享受"。

有的人往往累死累活，就在于他们把原本简单的生活搞复杂了。

从前有个人向他的师父诉苦："哎呀，我好苦，我好累。"

师父问他："你为什么会这样？"

他说："我吃饭都累。吃少了怕饿，吃多了怕不消化。吃肉怕胖，吃菜怕瘦，不吃又不行。"

师父笑了："我明白了。你就饿自己一天试试看。"

"行吗？"

"试试看吧。"

于是这人饿了自己一天，饿坏了，第二天开饭大吃一顿，好美呀，拍着肚子来见师父："师父啊，我明白了。"

"你明白什么了？"

"吃饭就吃饭，原本很简单。"

"哈哈，你明白了。"

今天的现代人似乎也到了不会吃饭、不敢吃饭的地步了，想必也到该饿一下的地步了。

人活得越简单越好，这样才会见本心，才不会失去生存的基本技能。

《蒙古秘史》记载，大名鼎鼎的成吉思汗死于被马摔伤。一生在马背上叱咤风云的大英雄到后来连马也不会骑了，这正说明他的本事已随贪欲一点点消失，最终不见了。

与成吉思汗相比，颜回活得更真实，因为他未失本心，没有贪欲，是一个纯粹的人、快乐的人。

这样的人不用去征服别人，全世界本来就是他的。

所以人活得越简单越好，简单到能把复杂的心情化为单纯，把多样化为单一，把重负化为轻松，不因没有的东西而悲伤，而为拥有的东西喜悦，这才是感性之中的理性之举。

02　做事需注意先树立一个良好的个人形象

做人真实就好比人要有一个真实的"内核"，但同时也不排斥在"内核"之外给予适当的包装。在当今的社会中，只有在对方认同和接受你的时候，你才能顺利进入对方的心中，给对方一个好印象，才能进一步与对方周旋和交往，从而把自己要办的事情办成和办好。

第一，讲究礼仪使自己受到重视。

荀子说："人无礼则不生，事无礼则不成，国无礼则不宁。"孔子说："不学礼，无以立。"这不仅是哲人的忠告，也是人们在痛苦的经历中得出的结论。

《左传·庄公十年》记载：齐侯在外的时候，路过谭国，谭国不以礼仪相待。等他回到齐国，诸侯都去庆贺，惟谭国没有去。这年冬天，齐侯因谭国对齐没有礼貌而发兵灭亡了谭国。

相反，一个人如果以礼待人，注重礼节，才能受人尊重。礼的应用，以和谐为好，与同事、上级、部下、父母、妻子等，这一切都需要适当的礼节。

礼仪是一种极其有趣的文化现象，是一种感性的体现。它要受历史、风俗、宗教及社会思潮的影响，是一个区域内人际交往时所认同的准则和行为的规范。而礼节礼貌则是礼仪的具体化和实际化，礼仪要通过礼节和礼貌得以体现。

讲究礼节礼貌是人际交往中相互尊重、联络感情、增进友谊的行为，也是一种道德，是一种感性的美，现在我们所讲的文明和礼节礼貌应该是发自内心、表里一致的行为，其举止、接物、待人、打扮、仪表、谈吐等无一不带有高尚而诚挚的特点，是个人文化素养、品德、品貌、教养、良知等精神内涵的外在表现。有理性的人才能"知书达礼"，才能"严于律己、宽以待人"，才能懂得尊重别人就是尊重自己，懂得遵守并维护社会公德，就是为自己创造了一个文明知礼的生活环境的道理，才能成为一个明辨礼与非礼之界限的知礼的人，也才能为自己树立一个君子形象。

第二，树立讲信誉的形象。

"敦厚之人，始可托大事"，一个人如果不够诚实，不讲信誉，往往在交际上成为两面派，在社会上成为图利弃友的市侩小人，这样的人是没有朋友的。交友如果不交心，一切都不会长久。人与人之间办事需要以诚相待，以信相交。真正的大丈夫要言而有信，诚实可靠。

孔子经常教育他的学生，要"言必信，行必果"，就是说，说话一定要算数，说到做到；办事一定要果断，不能犹豫不决。曾子把老师的话牢记在心，每天晚上睡觉前，他都要进行反省："给人家办事儿，我做到诚心尽力了吗？对待朋友，我有没有不诚实、不守信用的地方呢？老师的教诲我认真复习过了吗？"日复一日，年复一年，曾子一直这样严格要求自己，成了很会办事的知名人士。

在对待别人时，千万要讲信用，信誉是你的一块牌子，别人认为你是一个讲信誉的人，从而会信赖、依靠你，你在办事时才会战无不胜，攻无不克。

03 在关心别人中展现真诚

做真实的人的一个重要方面是真诚地关心别人。我们有时会听到这样的评价：这个人做人真实在，不用问，他肯定是个乐于并无所保留地关心家人、朋友的人。关心、帮助别人是一种付出，但一个良好的个人形象正是在这种付出中树立起来的。有了这样一个形象，做什么事都会顺利得多。

我们做人做事要注意一点：关心他人，必须出于真诚，只有这样，别人才会注意你、喜欢你、帮助你，与你合作。你有没有仔细想过：生活中为什么那么多人喜欢养狗？狗为什么能成为不用工作而能谋生的动物？鸡得下蛋，母牛得产奶，鹦鹉得唱歌，可是，狗却什么也不用做，只对你亲热就可以了。我们会发现，当你走到距离狗还有几米远时，它就会向你摇头摆尾；如果你能停下来拍拍它，它就会高兴地亲吻你。

大家都知道，有些人一辈子都在阿谀奉承，想方设法地引起别人的关注。当然，这是白费心机，因为人们根本不会注重这些。无论在何时何地，他们注意的只是自己。

美国是一个注重调查数据的社会，纽约电话公司曾通过打电话的方式做过一项调查，看哪一个字是人们最常用的。你一定猜到了，正是"我"这个字。500次通话，这个字约用了3900次。可见，人是通过以自我为中心展开行动的。

著名的心理学家阿尔费雷德·艾德洛在他的《生命之于你的意义》一书中写道：

"大凡不关心别人的人，迟早会在有生之年遭受重大挫折，并且还会伤及其他人。也就是这种人，导致了人类关系的种种非理性变故。"

或许你读过许多心理学论著，但一定很少看到过这么一段有意义的话。艾德洛的这段话实在是意味深长。

一家报社的编辑曾经说，每天有许多故事送到他那里，每篇稿子他只要读上一小段，便可以看出作者是不是真正关心他人。他说："如果作者不关心他人，人们也必定不会关心他的作品。"

写作如此，你应该坚信，面对面地与人相处更是如此。

塞斯顿是著名的魔术大师，所到之处，观众如潮，掌声如雷。他难道真的懂得高人一筹的魔法吗？当然不是。有关魔术的书籍汗牛充栋，许多人懂得的比他还多。但是他有两件法宝是其他人所没有的：第一，他在舞台上善于展示自己的法宝。塞斯顿是个表演大师，深懂人性心理。他在舞台上的每个动作、手势、声音，甚至微笑，都事先小心地演练过，连时间都掌握得恰到好处。除此之外，塞斯顿最大的成功之处在于他关心"观众"。许多魔术师在面对观众的时候，常常有这样一种心理："看啊，那里坐着的是一群笨蛋，一堆傻瓜。我轻轻松松地就能把他们唬得目瞪口呆！"但是塞斯顿却绝不这样。每次上台之前他都对自己说："我很感谢这些人来看我表演。是他们使我的演出如此轰动，我要尽量把绝活使出来让大家观赏。"在他走上舞台之前，他绝不会忘记一再地在心底对自己说："我亲爱的观众，我爱你们。"不可思议吧？你怎么想都可以，可这的确是一个著名魔术家的成功经验。

罗斯福卸任以后，有一天他又到白宫造访。罗斯福见到以前的仆人，便亲切地和他们打招呼，他叫着每一个老仆人的名字，连洗碗盘的女仆也不例外。当他见到在厨房里工作的女仆爱丽斯时，他问她是不是还在负责做面包。爱丽斯说，她有时做一些给仆人吃，但楼上的人并不爱吃。

罗斯福大声说道："他们真没有口福，我见到总统的时候一定这么告诉他。"爱丽斯用盘子装了一些玉米面包给他。他拿了一片在办公室的路上边走边吃，并且和遇到的园丁、工人打招呼，他和每一个人聊天，就像以前一样。曾经在白宫当过 40 年仆人的艾克·胡佛含着眼泪说道："这一天在我看来是我两年以来感到最快乐的一天，就是用百元大钞也换不来的一天。"

关心他人，必须出于真诚，不仅付出关心的人应该这样，接受关心的人也应该如此，这是一条双向道——两者都受益，因为在帮助别人的同时你也帮助了自己。

 做事情不要把喜怒的情绪挂在脸上

做事情需要还是不需要包装是个不需要讨论的问题，比如你心中有气，是"真实"地把气撒给别人，还是包装一下自己的情绪呢？答案不言自明，与外界交往时要尽量做到喜怒不形于色，才能最大限度办成事情、保护自己。

喜怒不形于色是当今复杂社会中应具备的手段，它不仅能避免你过于锋芒外露而招致的种种嫉妒与暗算，而且其中包含的以弱图强、以柔克刚的道理，已经作为一种重要的谋略，被人们应用于多个领域中。

老子曾说过："弱之胜强，柔之胜刚，天下莫不知，莫能行。"其实在军事领域和政治领域中，这个真理都适用。

如越王勾践的臣事吴王夫差，如诸葛亮的大摆空城计，如孙膑减灶惑庞涓，但无论哪一种，它表面上所显示的，都不是它的真实情况或意图，这就叫"喜怒不形于色"，其目的是作为一种包装手段麻痹对方，从而战胜对方。

又如，在三国的大舞台上，与曹操、孙权相比，刘备是最没有实力的一位。曹操是大宦官的后代，虽然出身算不上高贵，但有势力；孙权世代坐镇江东，有名望，有武力；唯有刘备，一个编草鞋、织苇席的小工匠，属于当时社会的最下层，名望、地位、金钱，什么也没有，他唯一的资本，便是他那稀释得早已寡淡如水的一点儿刘汉皇家血统，而当时有这种血统的人，普天之下也不知有多少，谁也不将这当回事。可刘备偏偏沾了这个光，那个孤立无援的汉献帝为了多一分支持，按照宗族谱系排列下来，竟将这个小工匠认作皇叔，留在了身边。这固然让刘备觉得脸上有光，可也成了招风的大树，为曹操所猜忌。

刘备虽然不满意于曹操的僭越，可他却没资格同曹操抗衡，只是暗中参加了一个反曹联盟，却又提心吊胆，时时防备着曹操对他下毒手。好在他在朝廷也无所事事，便干脆在住处的后园里种起菜来，大行起韬晦之计。然而曹操还是没有放过他，于是便发生了"青梅煮酒论英雄"的故事。这个故事被《三国演义》渲染得有声有色，早已是人所共知的了。

此时的曹操并没有将刘备放在眼里，但也不完全放心，他之所以邀刘备饮酒，之所以专门谈起谁是当今英雄的话题，之所以说"今天下英雄，惟使君与操耳"，意在试探，刘备原本心中有鬼，以为被曹操看破，所以吓了一跳，才将手中的筷子失落在地，偏偏此时又打了个炸雷，刘备才得以"闻雷而畏"为借口，既表示自己不是当英雄的材料，又将自己惶恐的心情掩饰过去了。由于这一次的示弱，消除了曹操的疑心，才有了他后来的发展。

喜怒不形于色是指无论祸福险夷的来临，还是横逆生死之际；无论处在功名富贵之中，还是处在山林贫贱之际，他们的心中总有一个自己的主宰存在，不被外物与环境所潜移默化。

宋代有这样一个故事，《宋吏》记载：向敏中，天禧（真宗年号）初任吏部尚书，为应天院奉安太祖圣容礼仪使，又晋升为左仆射，兼任门下侍郎。有一天，与翰林学士李宗谔相对入朝。真宗说："自从我即位以来，还没有任命过仆射的。现在任命向敏中为右仆射。"这是非常高的官位，很多人都向他表示祝贺。徐贺说："今天听说您晋升为右仆射，士大夫们都欢慰相庆。"向敏中仅唯唯诺诺地应付。又有人说："自从皇上即位，从来没有封过这么高的官，不是勋德隆重，功劳特殊，怎么能这样呢？"向敏中还是唯唯诺诺地应付。又有人历数前代为仆射的人，都是德高望重之人，向敏中依然是唯唯诺诺，也没有说一句话。退出后，有人问厨房里的总管，今天有亲戚宾客的宴席吗？回答也没有一人。

第二天上朝，皇上说："向敏中是有大能耐的官职人员。"向敏中对待这样重大的任命无所动心，大小的得失都接受。这就做到了喜怒不形于色，人们三次致意恭贺，他是三次谦虚应付，不发一言。可见他自持的重量，超人的镇静。正如《易经》中所说："正固足以干事。"所以他居高官重任 30 年，人们没有一句怨言。他能以这样从政处世的方法，对于进退荣辱，都能心情平静地虚心接受。所以他理政应事，待人接物，也就能顺从天理，顺从人情，顺从国法，没有一处不适当的。

　　在当今复杂的社会中，喜怒不形于色是你做人做事应具备的手段，这样，你才不会遭受别人的嫉妒与算计，才会通通畅畅做人，顺顺利利做事。

第五章

思考独立，精神协作

——整合独与合，拿捏做人的取与舍

独立是成熟做人的起始点。人们激发与挖掘自身潜能，吸收万物精华后，形成独一无二的人格，拥有自己的信仰，形成自己的思想体系，自己为人处事的方式。协作是理性之精髓，现代社会中缺少了协作精神将使自己寸步难行。协作做事，首先要学会独立地完成任务，才能进一步与人分工协作。

01 你是独一无二的

当你手拿一把玫瑰花时，有没有对其进行过详细观察？这些玫瑰，粗看起来都十分相似，可是，你再仔细看看，便会发现它们朵朵不同，甚至连属于同种的类别，开出的花彼此都不太一样，如生长的速度、花瓣曲卷的程度、颜色是否均匀等等。只要仔细辨认，均可发现它们各有独自的风姿。

不仅自然界如此，人类的情形亦是如此，亚瑟·吉始博士对古代的生活及民俗极有研究。他曾说过："没有两个人的生活遭遇是完全相同的……每个人均有他与众不同的生活遭遇。"不错，每个人的生活遭遇都是独一无二的。尽管构成人体的基本因素相同，但我们每个人的生命都很奇妙地自成一格，绝不与人雷同。

要想迈向成熟，除非我们先独立，这样才能使自己与他人沟通，建立起有意义的关系来。

这听起来很容易，但做起来却很困难。例如：我们常常把别人划分在某个阶层——如，普通百姓、中上阶层、中下阶层、大众阶层、低收入群、街头盲流、白领阶层、蓝领阶层、上流社会，等等——这些都反映出我们不愿或不能把别人视为独立个体，而只能把大家看成没有特色、没有个性、没有姓名的群体之一。

我们自身的情况也是如此，也是许多人归类的对象。许多社会研究或调查人员，几乎对我们无所不知：每天喝多少饮料、有几辆车子、用什么品牌、喜欢看什么电视节目、收听什么电台等等。

这一种归类通常强调"定位"、"无藩篱"、"社会流动性"等，以配合我们评判某族群的需要，而完全忽略个人的独特性。个性主义现已遭到破坏，甚至已濒于消亡。难怪我们现在对自己的独特性已越来越没有概念，甚至不敢去思想或采取与他人不同的行动。

当然，现代人对如何使自己变得"有独特个性"这方面的知识，的确充满了渴望。暂且不论社会对我们的评定归类、对我们顺应群体的要求带来什么压力，在内心深处，我们仍知道并渴求自己能与他人有所区分。为了表达这种渴望，解除这种束缚，许多人被送到心理分析家的诊所或精神治疗师的治疗室里。甚至有许多人用酒精、药物来麻醉自己，使自己完全堕落。

有什么方法可以治疗这些疾病呢？要如何才能使我们更意识到自己的独特性？要如何才能以更成熟的态度去认识自己？这里有三点建议：

第一，每天抽出一段时间独处，以进一步认识自己。

由于现代生活的繁忙与紧张，我们很少有时间给自己深思的机会。我们一定要想办法抽出时间面对自己、认识自己。

但是，不同的人通常有不同的独处方式。有的人，一边散步，一边思考；有的人，独自到花园里走走，放松身心；有的人只坐在窗旁偶尔眺望窗外的蓝天或树木；有的人，喜欢静室独处，或自我隔离。不管你用什么方法，总而言之，每天抽一小段时间出来，不受干扰，如此，才能好好体验你自己、你的生活、信仰和种种行为。

第二，打破不良习惯的束缚。

我们时常把自己深裹在不良习惯的无聊事件里，在里面窒息而不自知，这需要用意志和强大决心才能将之解除。想想看，我们有多少人每天都不断重复相同的行为，生命因此变得迟钝，没精神活力并且毫无创新的能力。

第三，发现生活中什么东西最能让我们感到满足。

兴奋时刻会把我们的真正面目呈现出来，让我们感到满足，感觉出最深刻、最活跃的生命来，正是这些令人兴奋的事！

人的个性虽不能改变，但可以借由某些行为呈现出来。要想发觉真正的自我——也就是我们与他人不同、真正具有价值的地方——则必须先去解除许多人性的束缚，诸如：恐惧、畏缩、自我疑虑、迷惑及僵化思想的种种积习。这时，兴奋便有如火把，能把捆绑住自我面貌的层层束缚挣脱掉，使真正的自我解放出来。

兴奋有许多面貌，爱便是其中之一。有部电影名叫《玛蒂》，便是叙述两个单调寂寞的人，如何因爱而彼此敞开心扉，迈向一个美好的未来。

对另一些人来说，兴奋也可说是一种令人振奋的工作、活动或创作行为。耶鲁大学的威廉·菲尔普教授，曾写过一本名叫《教学的乐趣》的书，书中详细描述了教学生涯如何使他活得又兴奋、又快乐。

危险或紧要时刻也会让人感到兴奋，因为能把人的某些性格呈现出来。有些灾难像战争、洪水或地震等，通常会造就出不少英雄人物。因为人在这种极具刺激或挑战性的时刻，才会把真正的自我和潜藏意识能力激发出来。

心灵的成熟过程，是不停地自我发现、自我探寻的过程，除非我们先了解自己，否则我们很难去了解别人，发现自我是智慧做人的起点。

02 不要随波逐流

一位哲人提出："与其花许多时间和精力去凿许多浅井，不如花同样的时间和精力去凿一口深井。"

一个人能认清自己的才能，找到自己的方向，已经不容易；更不容易的是，能抗拒潮流的冲击。许多人仅仅为了某件事情时髦或流行，就跟着别人随波逐流而去。他忘了衡量自己的才干与兴趣，因此把原有的才干也付诸东流。所得只是一时的热闹，而失去了真正成功的机会。

一个真正独立的"人"，必然是个不轻信盲从的人。一个人心灵的完整性是不能破坏的。当我们放弃自己的立场，而想用别人的观点来评价一件事的时候，错误往往就不期而至了。

我们也许可以做这样的理解："要尽可能从他人的观点来看事情，但不可因此而失去自己的观点。"

当我们身处于陌生的环境，没有任何经验可供参考的时候，就需要我们不断地建立信心，然后才能按照自己的信念和原则去做。假如成熟能带给你什么好处的话，那便是发现自己的信念并有实现这些信念的勇气，无论遇到什么样的情况。

时间能让我们总结出一套属于自己的评判标准来。举例来说，我们会发现诚实是最好的行事指南，这不只因为许多人这样教导过我们，而是通过我们自己的观察、摸索和思考的结果。很幸运的是，对整个社会来说，大部分人对生活上的基本原则表示认可，否则，我们就要陷于一片混乱之中了。保持思想独立不随波逐流很难，至少不是件简单的事，有时还有危险性。为了追求安全感，人们顺应环境，最后常常变成了环境的奴隶。然而，无数事实告诉人们：人的真正自由，是在接受生活的各种挑战之后，是经过不断追求、拼搏并经历各种争议之后争取来的。

如果我们真的成熟了，便不再需要怯懦地到避难所里去顺应环境；我们不必藏在人群当中，不敢把自己的独特性表现出来；我们不必盲目顺从他人的思想，而是凡事有自己的观点与主张。

坚持一项并不能得到别人支持的意见，或不随从一项普遍为人支持的原则，都不是件容易的事。一个人不愿随波逐流，并愿意在受攻击的时候坚持信念，的确需要极大的勇气。

在一次社交聚会上，在场的人都赞同某个观点，只有一位男士表示异议。他先是客气地一言不发，后来因为有人直截了当地问他的想法，他才微笑道："我本来希望你们不要问我，因为我与大家的观点不同，而这又是一个多么难得的社交聚会。但既然你们问了我，我就把自己的想法说出来。"接着，他便简要地陈述了自己的观点，结果立即遭到大家的反驳。但他坚定不移地坚守自己的立场，毫不让步。最后，他虽然没有说服别人赞同他的看法，却获得了大家的尊重。因为他坚守自己的观点，没有做别人思想的附庸。

而如今，我们生活在一个专家至上的时代。由于我们习惯于依赖这些专家权威性的观点，因此便慢慢丧失了对自己的信心，以致对许多事情很难提出意见或坚守信念。

我们现行的教育方针，通常是针对一种既定的性格模式来完成的，所以这种教育方式很难培养出独立的领导人才。由于大部分的人都是跟随者而不是领导者，因此我们虽然很需要领袖人才的训练，但同时也很需要训练一般人如何有意识、有义务地去遵从领导。如此，人们才不会像被送上屠宰场的牛羊群一样，盲目地随着走，赴"刑场"也茫然不知。

所以，那些为自己子女的教育方式大胆提出见解和观点的父母，的确需要勇气。因为通常别人会告诉他们，最好把这些问题留给那些资深专家或权威去解决。但是总有一些勇敢的人，敢于挺身而出，打破权威的观点，对自己儿女的教育问题提出更加切合实际的见解和观点。有位喜欢独立思考并坚守自己信念的中年人，不断提出问题，并且独自与一般公众的意见对抗。不久，就有不少人敬佩他，选他出来当社区教育委员会的委员。后来，不仅他自己的子女，还有不少学生因他所提出的建议而受益。

有许多婴幼医师告诉我们喂养、抚养和照顾孩子的方法，也有许多幼儿心理学家告诉我们该如何教育孩子；做生意的时候，有许多专家提醒我们如何做方能使生意红火；在政治上的选择活动，大部分人也是跟从某些特定团体的意见；就连我们的私生活，也经常受某些所谓专家意见的影响。这些所谓的专家通过观察、研究、著述，然后把意见传达给大众，让大众去消化、吸收，并断定它们是一剂药到病除的灵丹妙药。

生活中的大部分人都不会明白，其实自己才是这个世界上最伟大的专家。只不过是因为某些"专家"这么说，或因为那是一种时尚，跟着做也可以凑个热闹，图个时髦。

的确，我们今日最难要求自己达到的境界便是："成为你自己。"在充满了大众产品、大众媒介及装配线教育的当今社会，认识自己很难，要保持自己的本来面目更难。我们常以一个人所属的团体或阶层来区分他们的特点，如"他是工会的人"、"她是职业妇女"、"他是自由派"等等。我们每个人几乎都贴有标签，也毫不留情地为别人贴上标签，这很像是小孩玩的"捉强盗"的游戏。

爱德加·莫尔常常用所谓的"蜗居状况"来警告世人，他认为这种情形会扼杀人类个体的宝贵价值。他说："人类还无法达到天使的境界，但这也并不是我们必须变成蚂蚁的理由。"

只有成熟的心灵才能够体验人类这种光荣的本质，也只有成熟的灵魂才能体会到"比天使低一点"而不是"比禽兽高一点"的心情。对所有这样的人来说，盲目顺从只是怯懦者的避难所，不是现实。

对于生活中的我们来说，能拥有自己的完整心灵，使其神圣不受侵犯，即坚守心灵的感应，不要盲从，不要随波逐流，是非常重要的。

03 独立能激发潜能

独立是什么？独立给人的感觉是孤单，是一个人独来独往。独立似乎是一个人虚无缥缈地畅游，似乎是一条小鸟自己试着飞行去寻找食物，似乎是一只鲤鱼总想跃过龙门，似乎是一只小鱼幻想游遍整个大海。

我们小时候总是回家等饭吃，过着饭来张口的生活，长大了，就不得不亲自回家弄饭吃。我们以前也没有做饭的经验，但面对生活，我们必须得自己试着做饭弄菜，如果做得不错，谁都有了自己的拿手菜，客人来了，随时准备露几手。

独立激发潜能，我们每个人都深有体会。

近代以来世界格局一个突出的特点，就是离散群体的成就大于其母体。

海外华人约有6000多万，但他们拥有的财富总值很有可能超过大陆近13亿中国人，有人推算他们一年创造的产值，相当于日本的国内生产总值，也就是约5倍于中国大陆。

离散群体的这种优越表现当然令其母体民族有点儿尴尬，但同样也是母体民族的骄傲。因为离散群体虽然游离在外，但与母体文化总是若即若离，有着千丝万缕的关系。所以，他们的成功同样也是其母体文化的成功，他们的经验同样也值得身在祖国故土的人们学习。

诗人、新加坡《新民日报》总编杜南发认为，离散族群的特点，就是移民观念加上其他观念的融合。扎根于马来西亚的华人作家黎紫书说，马来西亚年轻的华文作家在发现"断奶"痛苦的同时，也发现打开视野吸收新的养分却一点儿都不困难。"被遗弃族群"的悲哀，"孤儿"的心态，都逐渐淡化了，作为独立完整个体的马来西亚华文文学正在形成。美籍华人作家严歌苓说，她从来不确认自己写的是"移民小说"。她从中国移居到美国十多年，却不能完全脱离母体。样貌改变不了，本身文化的根须暴露在外，非常敏感，触动了便会疼痛起来。然而，她也极其欣慰地宣告：离散是个美丽的状态。她说，离散让人的触觉更敏锐，视觉更客观，心灵鲜活得像孩子一样，能够完全打开，这对作家来说确是"非常幸运"的。

台湾诗人、学者余光中谈论离散文学，则让人体会不到丝毫的"离散"，因为他本身就是中华文化的母体！他曾经这样说："在此地，在国际的鸡尾酒里，我仍是一块拒绝融化的冰……"余教授认为，语文是有民族性的，用中文写出来，便是中华文学。就像德国文豪托马斯·曼说的："凡我到处，就是德国。"余教授的看法是，吸收当地文化，组合形成当地文风，其实是民族文学拓展的一种过程。离散是一种文学状态，民族离开固有社会，天才便往往得以发挥。所以从唐僧的时代开始，就产生了留学生文学，杜甫颠沛流离，产生了难民文学；苏东坡下放，也产生了贬官文学。

作家贾平凹谈起他写作22年的甘苦说："开始，稿子向全国四面八方投寄，四面八方退稿涌了回来。我心有些冷，恨过自己的命运，恨过编辑……夜里常常一个人伴着孤灯呆坐。"后来，他发奋起来，将所有的退稿信都贴在墙上，以便抬头低眼都能看到"自己的耻辱"。他说："孤独是文学的价值，寂寞是作文的一番途径。"

钱钟书就是在他的"孤独"境遇下，培养出了生命的韧劲。这种韧劲使他能抗衡住各种各样的压力，经过"九蒸九焙的改造"，仍然保持住他的一颗求真、向善、爱美的灵魂。那些世人热衷企求的东西，他都淡然处之，始终保持着童真和痴气，安安心心做着学问。

这些作家令人感动而深刻的话语或事迹告诉我们，最重要的不是我们在哪里，而是我们自己的触觉、视野、心灵、毅力和才智能否得到充分发挥。只要我们自己不僵化、不保守、不麻木、不冷漠、不懦弱，我们留在故土，同样也可以保持一种健康美丽的心态，心灵照样也可以"鲜活得像孩子一样，能够完全打开"，同样也可以"拒绝溶化"，同样可以发挥出自己的创造力来。

05　在从众中还原自我

独立坚持自我与协作从众，有时看似很矛盾，深究下去会发现，处理好这一对矛盾，实在是找到了让自己变得既与大众和谐相处，又不失独立个性的一大窍门。

有这样一个故事：

从前有一个国家，时常会下恶雨，雨水会下在江里、河里、湖里、井里、池里，任何人喝到它，就会狂醉七日，七日之后才会清醒过来。

当时，那个国家的国王是位非常有智慧的明君，他能在风起云涌时，就知道恶雨马上就要下来了，立刻将水井盖好不让恶雨污染井水。可是全国百姓与满朝文武大臣，对恶雨之来，既无先见之明，又无防范之智，所以都未能幸免而饮用了受到恶雨污染的水，于是举国皆醉，群臣都发了狂，他们脱衣裸体，以泥土涂面，言行癫狂，举止错乱，以黑为白，以恶为善，只有国王因预先防范得当，没有饮用被恶雨污染的水，所以能够保持清醒，他依然像平常一样穿国王应穿的龙袍，戴国王应戴的王冠，一如往常坐在王座上，面见群臣。上朝面君的群臣不知道自己已经发狂了，看见国王衣冠整齐，端坐王座，反而认为国王发狂了，于是议论纷纷，认为此事非同小可，应对国王有所处治。国正见状，内心暗自害怕，唯恐群臣造反，便对群臣说："我有良药医治我的病，请你们稍候，我进去服药，很快就出来。"话一说完，国王转身进入宫内，脱去所穿的衣服，以泥土涂面，打扮成和群臣一模一样，然后出来和群臣见面。群臣看见国王的模样，无不欢喜雀跃，以为国王的病治愈了，国王不再癫狂了。

七天之后，群臣都清醒过来了，看了自己的打扮穿着，都感到非常惭愧，于是赶紧净身洗面，穿戴整齐，上朝面君。此时国王装扮如故，仍然赤裸泥面，斜坐王位，诸臣看了无不惊怪，并问国王说："吾王一向多智明睿，今天为什么会一反常态，打扮成这个样子呢？"国王回答说："我心常定，没有变易，只因你们喝了被恶雨污染的水而心智都癫狂了，但却反过来说我不正常了，说我生病发狂了，只好打扮成你们当时的样子，以免遭到大家的排斥与迫害。其实我的内心非常清楚，一点儿都没有受到迷惑。"

洞悉是非真伪的智慧，独善其身的果敢——究竟多少人可以做到这两点？在德国希特勒的民族主义热浪中，在日本军国主义的大趋势中，人人都是泥人，你要泥人怎么样跳出塑泥的大手掌去辨别客观的真伪呢？确实有些人，在举国高呼"嗨，希特勒"的时候，清楚地冷眼洞悉隐藏在狂热背后的危机，目击是非价值的颠倒，弃德国而去。这些人，毕竟是少数中的少数。大多数的人，即使动了疑心，也没有能力做独立的判断。人云亦云是人的常态，自我觉醒、反抗潮流，是人对自己较高的道德期许，一种理想的追求。

而你是哪一种？最好都不是，中庸最好，在从众中保持一种独立的姿态最好。

05　知对手之心也很重要

知己知彼的目的，在于胜彼，战胜竞争对手。为此，在知己知彼的基础上，就要根据对手的特点，因势利导，相机行事，即因人制宜。

相传在宋朝时，有一年，北辽政权的八个侯王带兵十万进犯中原。辽兵在距边关十里处扎下营寨，随后派两名番兵到宋营下战书，这份战书只是一副对联的上联，说宋朝如有人对出下联，马上收兵，绝不食言。

宋营将士拆开战书，只见那上联写道：

骑奇马，张长弓，琴瑟琵琶八大王，王均在上，单戈便战。

宋营将领相互传阅，无一能对。这时，地方上一位私塾先生听到了消息，星夜赶到宋营，写出了下联：

伪为人，袭龙衣，魑魅魍魉四小鬼，鬼都在旁，合手即拿。

答书送走之后，宋营将领对番兵八大王做了初步分析，从战书上可以感觉到他们目空一切，傲气十足。看到答书之后，一定恼怒成羞，自食其言，不但不会退兵，还可能来偷营劫寨。于是，做了精密的准备，设下埋伏，并分兵攻打番营。

番兵取回战书，主将一看，果然怒气冲天，连夜偷袭宋营。最后，偷袭不成遭暗算，自己的营盘又被偷袭，进退无路，不战自溃，八大王有的阵亡，有的被擒。

这一故事，是因人制宜方略的成功范例。

历代兵家，对因人制宜的研究最为到家。兵家所说"怒而挠之"、"亲而离之"、"卑而骄之"，就是证明。

"怒而挠之"，如果敌将性格暴躁，就故意挑衅、辱骂使之发怒，使之情绪受到扰乱不能理智地处理问题，盲目用兵，暴露破绽，进而相机歼灭。

"亲而离之"，如果敌军上下亲密无间，情同手足，团结一心，那么，就要利用或制造矛盾，进行挑拨离间，使之离心离德，分崩离析，从组织上削弱敌人。

"卑而骄之"，如果敌将力量强大，骄横轻敌，可以用恭维的言辞和丰厚的礼物示敌以弱，助长其骄横情绪，等其弱点暴露以后，再出其不意地攻打他。

兵家的因人制宜之术，在其他社会竞争领域未必是全部有效的，但其冷静理智的处世精神，还是有普遍效用的。

无论在哪一个社会竞争领域，都应该依据竞争对手的心理特点，便宜行事。

独立不光是要照顾好自己，防护着自己，不但要知己，还要知人、知朋友、知对手、知朋友的心，才会交到真正的好朋友，鲁迅说："人生有一知己足矣。"知对手的心，才会做到真正的成功。这才是做事注意外力相助的作用，注意协作产生合力为你解决难题，使自己事业立于不败之地的正确出路。

第六章

为人胆大，做事心细

——两者的结合会使做人做事的成就倍增

◆————————————————

胆大的人在当今竞争激烈的社会大环境下获得成功
的机遇往往比平常人多得多。细心是理性之标牌。
只有时刻提醒自己，才会加倍小心，才会少走弯路，
到达"目的地"。大胆和心细亲如两个相爱的人，
关系如胶似漆，只有兼顾两者，才会在生存的竞技
场上迸发出威力无比的力量来。

01 敢说话必然机会多

该说话时敢说话是胆子大的表现。

机遇来临时，是最需要表现自我的时候，敢说话会助你一臂之力。现在，几乎所有的单位在录用新人时都有面试一项程序。面试的内容非常广泛，但说到底敢说话是最为重要的，得体而不俗的谈话不仅映射出一个人的思想素质，而且还会弥补你的某些不足，从而在众人之中脱颖而出。有些时候，面试的成功决定了你一生的命运，成为事业的转折点。许多人就是凭着其出色的面试表现，击败对手的。

当今社会是一个竞争的社会、商业的社会，不必花费太多的心思定义它的性质特点，评价它的优劣曲直，你就尽快地投入和适应它吧。一位年轻的学生讲了他自己的亲身体会：

作为学生，他最害怕的是课堂上回答问题，而且他发现周围的同学也和他一样。每次上课的时候，当教授提问时，他们总是习惯把头低下去，生怕教授的眼光扫到自己。

一次外语课上，一位来自商业银行的专家做讲演。做讲演的人总是希望有人配合。于是专家问教室内有多少学经济的同学，可是没有一个人响应。但他知道，他们当中很多人包括他自己都是学习经济的，可是出于怕被提问的原因，大家都沉默着。专家苦笑了一下，说，我先暂停一下，讲个故事给你们听。

"我刚到美国读书的时候，在大学里经常有讲座，每次都是请华尔街或跨国公司的高级管理人员来演讲。每次开讲前，我发现一个有趣的现象，我周围的同学总是拿一张硬纸，中间对折一下，用极其耀眼的颜色笔大大地用粗体写上自己的名字，然后放在座位上。于是当讲演者需要听者响应时，他就可以直接看名字叫人。

"我不解，便问前面的同学。他笑着告诉我，讲演的人都是一流的人物，他们就意味着机会。当你的回答令他满意或者吃惊时，很有可能就暗示着他会给你提供更多的机会。这是一个很简单的道理。

"事实也如此，我确实看到我周围的几个同学因为出色的见解得以到一流的公司供职。这件事对我影响很大，机会不会自动找到你，你必须不断地给自己制造机遇，吸引别人的关注才有可能寻找到机会。我发现中国学生在这方面实在是不能令人满意，他们太过含蓄或者说是怯懦，他们不习惯让别人看到自己，或许这样你会过得很轻松，但是你绝不会得到更大的成功。我想你们中的每个人都会有凌云壮志，但是你的第一步必须是找到赏识你的人，这对沉默的人是非常困难的。"

专家的话结束后，有人笑了，有人不屑一顾。但是他明显看到有更多的同学举起了手或做一些暗示：我可以回答。

我们每个人都是一种有限的存在，都只是茫茫人海中之一粟，有很多事情是我们所无法决定的，我们无法选择我们的出身、我们的国家、我们的环境、我们的领导、我们的同事，我们也不知什么时候什么地方会有人帮助我们或阻碍我们，但是有一点我们可以做主可以选择的，那就是我们对生活的态度，我们可以不断地奋进努力提高自己。因而我们所能做的就是这些，有这些也就足矣！成功之路千万条，最根本的就是这一条、这一点。除了你自己谁也不能代替你拯救你，同样，除了你自己谁也不能打垮你战胜你，命运的真正主人就是你自己。外因固然不能否认不能放弃，但外因也只有通过内因才能起作用。一个十分重视内因的人是不会放过任何有利因素的，反之，对自己都没有信心，自己也没有什么才能，机会再多又有什么用处呢？能怨天尤人、自怨自艾吗？人生中，最大之忌就是自己的怯懦无能，这也是古今中外无数事实证明了的真理！

放大你的胆子，大声说出你的想法，勇敢地表现你的优秀——机会就在其中。

02　以足够的胆量坚持自己的意见

说到胆量，人们很自然地想到只手敢敌双拳的好汉，想到旷野中敢于独行的侠客，其实，另一种胆量更为可贵，那就是在一片反对声中坚持自己的正确意见。

现代社会讲民主，因此，少数服从多数成了理所当然的事。如果这个多数是由知识水准很高的人组成的，当然没有问题。但是，如果这个

"少数"是权势人物，那多数人的意见会生效吗？如果这个"多数"的组成分子都是些没知识的（我们这里所说的"知识"，不仅仅指文化知识），那多数人的意见会是正确的吗？

重要的是对正义与真理的判断，哪边有正义，哪边有真理，哪边就是对的。

假如对方是一位权势人物或邪恶人物，他的行为已经不是什么缺点和过失，而是害国蠹民的罪恶，你不可能当面向他指出，否则你会因此而遭到打击和陷害，而你又不能容忍这些人继续为非作歹，怎么办呢？无计可施，万般无奈，写匿名信，打举报电话未尝不是一种斗争的手段。如果在这种情况下你还坚持着"口不言人过"的做法，只会让奸佞小人高兴，因为他们的奸行便可以被掩盖，罪恶得以继续进行，你没有得罪人，而受害的是国家和百姓。这种人能算是君子吗？不，他们只不过是老好人，甚至是胆小鬼。西方一位哲人认为，邪恶之所以通行无阻，正是因为正义的无所作为。而奸邪对正人君子可从来都是鸡蛋里挑骨头的。

假如有些心怀叵测的人很会蒙骗群众，以"多数"做后盾而提出无理要求，这样的"多数"就无须服从。在这种情况下，你可能会显得孤立，但这并不可怕，这种孤立必定是暂时的。

某厂有个工人盗取了厂里的木材，数量虽然不是很大，但性质肯定是偷盗。因为这人是木工，平时上上下下找他帮忙的人很多，都与他有点儿交情，于是，便都出来求情，只有厂长坚持要依法处理。

有人就说："少数服从多数嘛。"厂长理直气壮地说："厂规是厂里最大多数的人通过的，要服从，就服从这个多数。"

　　一时间，厂长似乎有点儿孤立，但时间一长，理解和赞同他的人便越来越多，而偷盗厂内财物的情况也从此大为减少了。

　　有的人认为，只有照多数人的意见办事才不会把事情闹大，才能和平地收拾局面。其实不然，不讲原则，迁就多数，势必后患无穷。

　　像我们刚才所说的那件事，如果听了大多数人的意见，不加处理，或轻加处理，不仅厂里的偷盗之风会越来越烈，厂规厂纪也将成为一纸空文。届时，厂长威信扫地，这才是真正的孤立呢。

　　处理问题是如此，实施新规定也是如此。

　　新的意见和想法一经提出，必定会有反对者。其中有对新意见不甚了解的人，也有为反对而反对的人。一片反对声中，你犹如鹤立鸡群。这种时候，也要学会不怕孤立。

　　对于不了解的人，要怀着热忱，耐心地向他说明道理，使反对者变成赞成者。对于为反对而反对的人，任你怎么说，恐怕他也是不想接受的，那么就干脆不要寄希望于他的赞同。

　　真理在握，反对者越多，自信心就要越强，就要越发坚定地为贯彻目标而努力。

　　有家商店，店面虽然不大，地理位置却相当好，由于经营不善，连年亏损。新经理一上任，便决意整顿。

　　他制定了一系列规章制度，这一来就结束了营业员们逍遥自在的日子，因此遭到一片反对之声，新经理被孤立了。但他坚持原则，说到做到。

　　不到两年，小店转亏为盈。当年终颁发奖金的时候，一个平时最爱在店堂里打毛线因而反对新规定也最坚决的女士说："嗯，还是这样好。过去织毛衣，一个月顶多结件把，现在这些奖金足可以买几件羊毛衫了。"

新经理不怕孤立，最后并没有孤立。假如他当时不搞改革，弄到工资也发不出的地步，他还能不孤立吗？

坚持正义往往是勇敢者的行为，真理往往是掌握在少数人手中，敢于坚持正义与真理，无形中就树立了威信。胆大自有胆大的回报，因为有时这是做人与做事必不可少的。

03　心细也是一种成事策略

心细不仅仅是一种做人做事的风格，更是一种不可少的成事策略。

道家学说创始人老子说："大生于小，多起于少。处理问题要从容易的地方着手，实现愿望要从细微的地方入手。天下的难事，一定要从简易的地方做起；天下的大事，一定要从细微的部分开始。做事情，要在它尚未发生前就处理妥当；治国理政，要在祸乱没有产生以前就早做准备。合抱的大树，生长于细小的萌芽；九层的高台，筑起于每一堆泥土；千里的远行，是从脚下第一步开始走出来的。有所作为的将会招致失败，有所执着的将会遭受损失。因此，有'道'的圣人始终不贪图大贡献，所以才能做成大事。"

又说："用无为的态度去有所作为，以不滋事的方法去处理事务。"

从古到今的成功者以及伟大的谋略家们，在运用谋略时没有人忽略心细这一策略在成就事业当中的巨大作用。

鬼谷子说："既想捭的周全，又想阖的细密，然而周密的实处又在于慎微。"又说："见微则知著。"

天玄子说："圣人知机，愚人不见机；圣人用机，愚人不用机。就像对待事物的利害得失，就像彰昭明显，天下人都看得见，才能抓住机会去做，这样就能制服机会从而成功于事，这就不贱于圣贤哲士了！圣人哲士的做法，在于能见微知著，在于能谋求于无形之中，在于能成就于无迹之处。所以说，善于用机的人，常先知如神。"这就是"用机原理"的意义，它在事业上的重要性，早已被实践所证明。

历史上没能成为领袖的人物，就是忽视了这重要的一点。姜太公曾经对周文王说："涓涓的流水不堵塞，将来有成为江河的可能。星星的火点不扑灭，就会燃烧成熊熊大火。大树两边的障叶不除去，怎么好用斧子去砍伐呢？"管仲说："防备在祸患没有发生之前。"这都是古代圣贤对成事、立业、治国及治天下所做的慎戒机微的原则。

周文王经常小心翼翼，成王每天夜晚"敬止"；孔子常常戒慎、恐惧；诸葛亮一生的事业，都在于谨慎行事。

诸葛亮在蜀吴关系上的细心，表现出了常人难以具备的极大忍耐心，因为蜀国的三大开国领袖，都可以说是死在蜀吴争夺战之中，而且主要是吴国贪图地盘，首先破坏蜀吴联盟。但蜀吴两国都是弱国，长达四年的拼杀已经使双方损失惨重，蜀国损失更大。如果不能忍耐，继续像张飞、关羽那样意气用事，蜀国更容易被魏国所吞并。而实现蜀吴和平之后，占地面积不到魏国十分之一、军事实力也相差甚远的蜀国竟然从公元 225 年到 234 年"六出祁山"，进行北伐，而且取得了很多战术性的胜利，攻占了安定、天水、南安、武都、阴平等郡，最后将战场推到了魏国境内渭水南岸的五丈原，并在此与魏军相持百余日，后因诸葛亮病死才撤军。这种北伐，名为统一，实际上是以攻为守，争取战略上的主动。与其坐而待毙，不如起而攻之。只要保住了蜀国的安宁，就可以称之为胜利。

事不分大小，物不分巨细，都在于谨慎细心之机，我们在处理问题时千万不要把细心这一要素等闲视之，而应把它纳入到策略运用的范畴之内。这样，细心会帮你取得更大的成功。

04 有意识地消除恐惧、紧张的心理

在走向目标的征途中，恐惧和大胆就像耸立在你面前的两个大路标，一个指向成功的反向，一个指向成功的正向。

恐惧会勾起你许许多多不愉快的回忆，使你想起失败、痛苦和沮丧。它还不停地暗示——"这次是不是又会重复那些不幸？"

而大胆的愿望让你回想成功时的喜悦，鼓舞你"再来一次"的欲望，激起你进行大胆尝试的热情。

两个人做同样的馅饼，用的是同样的原料，参照的是同一食品生产说明书，一个人失败了，而另一人却取得优异成绩。这是为什么呢？

那个失败的厨师开始做馅饼时，神情紧张。她知道以前做馅饼没有成功，担心这次结果将会怎么样，她脑子里没有一幅令人垂涎欲滴的金黄色表皮、肉馅美味可口的馅饼的心理图像，她不安、紧张，甚至有点儿恐惧，不知不觉地将不安的暗示融进了馅饼的制作过程。第二个人则认为她做的馅饼将是最好的，效果确实如此。她的形象化的愿望使她成功了。

著名心理学家丹尼斯·维特莱认为，所谓大胆的愿望实际上是连接你到达目标的感情上的纽带。换言之，愿望是你前进的正向磁引力，而恐惧所带来的，则是负向的磁引力。它导致精神压抑、不安、疾病、敌意甚至精神失常和死亡。

一个想获得成功的人必须跳出恐惧的地牢，而不能陷在"我不行"、"我不能"等否定型暗示的阴影之中。

俄国有个12月的故事。

玛莎被狠心的继母赶出家门，叫她为继母的亲生女儿采鲜花过生日。

寒冷的12月，大雪纷飞，冰冻三尺，哪里会有鲜花？

但玛莎并没有灰心，她一边哭着一边走向森林。

她遇到了代表12个月份的12个神仙，他们能变换季节，玛莎终于采到了鲜花。

这是童话，但不一定离现实太远。有句佛语叫掬水月在手。苍天的月亮太高，凡尘的力量难以达及，但是开启智慧，掬一捧水，月亮美丽的脸就含笑在掌心。

关键是当你处在生命的极点，从客观上讲，已完全不可能的情况下，主观能否一搏，能否那么垂死挣扎一下？

遗憾的是，很多时候，我们的精神先于我们的身躯垮下去了。有一个古代的寓言：

一个人经过两山对峙间的木桥，突然，桥断了。奇怪的是，他没有跌下，而是停在半空中，脚下是深渊，是湍急的激流。他抬起头，一架天梯荡在云端，望上去，天梯遥不可及。倘若落在悬崖边，他绝对会乱抓一气的，哪怕抓到一根救命小草。可是这种境地，他彻底绝望了，吓呆了，抱头等死。渐渐地，天梯缩回云中，不见了踪影。云中的声音说，这叫障眼法，其实你踮起脚尖儿就可以够到天梯，是你自己放弃了求生的愿望，那么只好下地狱了。

大胆踮起脚尖儿，就是另一个生命、另一种活法、另一番境界。这是一种极强的生活责任心鼓起的勇气，它不仅包藏着求生的愿望，还体现着探索精神、不屈服的意志以及不达目的誓不罢休的豪气。

人生可能不会总碰到大事、要事，但即使是日常工作、生活中的平常事，如果总是心怀疑惧、不敢越雷池半步，又怎么能突破人生的瓶颈而有所成就呢？

05　在胆大心细中寻求做人做事的突破

平凡是人生的常态，但平庸的人在做人、做事方面肯定存在一定的缺陷。如果仔细检视一下，就会发现胆大与心细是人们最需要补足的功课。

恐惧是所有情绪中最令人精神涣散的，它使人肌肉僵硬，意志消沉。另一方面，每当陷入困境时，为一丝勇气所驱使，为急于摆脱被动局面的情绪所驱使，我们总是能竭尽全力，扭转局面。巴什金在《战胜恐惧》一书中写道：大胆些，强大力量会帮你。

大胆些——这并不是劝你毫不在乎或有勇无谋。大胆意味着慎重的决定，每时每刻将自己所能完成的目标定得远些。

所谓强大力量也并没有什么神奇之处，它正是我们自身所具有的潜力：精力、技能、正确的判断、创造性的构想，就是体力和耐力也远远超出人们自身所能认识的程度。

简而言之，大胆些可以使肌体做出应急反应。曾听一位著名登山运动员说过，一个登山者有时会使自己陷入欲下不能的境地，这样一来他只能向上攀登。他补充说，有时他就特意地让自己落入这样的境地，当除了向上别无他路时，你会爬得更起劲。

显然，那些特殊的强大力量是精神力量，它们比体力更为重要。杀死菲利士巨人的是一颗飞石的离心力，但首先使大卫面对巨人的则是勇气。

最令人好奇的是，精神力量在物质世界里也常有其相应的位置。有这样一位橄榄球好手，虽然他的体重远低于其他运动员的体重，但他还是以其凶猛封杀而闻名。有人对他的大胆表示不可思议，他说："哦，这得追溯到我孩提时代的一个细心的发现。在一次橄榄球比赛中，我面对对方后卫，他看起来是如此庞大！我吓得闭上眼睛，就像一颗匆忙射出的子弹那样，把自己用力地掷向了他，而且真的阻挡了他！就在这时，我开始懂得：你封杀一名魁梧的选手越凶，你似乎就越不会受伤。道理很简单，动量等于重量乘以速度，因此，如果你足够大胆，勇于冲撞，那么即使运动定理也会来帮你忙的。"

这种无所畏惧，力达自身最高境界的品质，不是一夜之间可以造就的，细心和信心是日积月累起来的。当然，在开拓人生的每一过程中，都将有挫折与失望相伴随，光凭勇气也并不能完全确保成功，但尽力而为后，失败了的人总比那些不去努力坐等成功的人要好得多。

大胆和心细往往正是做事情所需的不可或缺的优秀品质。

有位医学院的教授，在上课的第一天对他的学生说："当医生，最要紧的就是胆大心细！"说完，便将一只手指伸进桌子上一只盛满尿液的杯子里，接着再把手指放进自己的嘴中，随后教授将那只杯子递给学生，让这些学生学着他的样子做。看着每个学生都把手指探入杯中，然后再塞进嘴里，忍着呕吐的狼狈样子，他微微笑了笑说："不错，不错，你们每个人都够胆大的。"但紧接着教授又难过起来："只可惜你们看得不够心细，没有注意到我探入尿杯的是食指，放进嘴里的却是中指啊！"

教授这样做的本意，是教育学生在科研与工作中都要胆大心细，即睁大眼睛看问题，可惜的是学生们并没有注意到教授的转变细节，结果都"大上其当"。相信尝过尿液的学生应该能够终生记住这次"教训"。

注意细节其实是一种真正的精明，这种功夫是靠日积月累培养出来的。谈到日积月累，就不能不涉及习惯，因为人的行为的95%都是受习惯影响的，在习惯中积累功夫，培养素质。养成习惯，习惯成自然。而粗心大意无疑是这种良好素质的大敌，这种"犯晕"偶尔一次也许还可原谅，但倘若也成为一种"习惯"，则会使一个人的素质整体下降，做人也就低了一个档次，成了一个远离精明的傻瓜般的笨人。

第七章

糊涂立身，言辞藏锋

——说话糊涂一点儿更利于生存

◆

言辞是我们思想的传输工具，是我们相互交流的手段。因为它的内容涉及思想，所以它必定渗透你做人的痕迹；因为它的作用涉及生存，所以，它必定影响你生活的状况。因此，不要去做那个言辞锋利、什么事都辩驳得清楚明了的人。言语糊涂一点儿有时更利于生存。

01 秘密，听不得更讲不得

秘密，之所以听不得更讲不得是因为它隐藏着不可公之于众的信息。一旦泄露，后果当然不会是无足轻重的。所以，在秘密面前，揣着明白装糊涂是非常有必要的。如果有可能远离它，就最好是离它越远越好。

比如，在现实生活中，不是所有的悄悄话都能长久悄悄下去。有以下四种话即便"悄悄地"也不能说：

（1）捕风捉影的话不要说。

捉贼要赃，拿奸要双，这就要求我们说话办事要有真凭实据，如果我们向对方说的悄悄话，如风如影，纯属无稽之谈，那是很危险的，尤其是对一个人的隐私更是不可在私下信口开河，胡编乱造。如你说，某男与某女（均有家室）在街道的树荫下拥抱亲吻，那情景真比演电影还卖力。若被听者传出，当事人可能恨你骂你，伺机报复你，甚至当面计较、对抗，要你说出个所以然来，你怎么说呢？把悄悄话再说一遍，请拿出证据来！你当时又没有摄像，又没有录音，怎么能够证明某男与某女曾有这种热烈的表演呢？所以，到头来你必定会给自己找麻烦。

（2）违纪泄密的话不要说。

小至单位大至一个国家，在一定时期、一定范围内都有秘密，我们只能守口如瓶，不可泄露。有的人轻薄，无纪律性，就私下把机密"悄悄"传出去了，弄得一传十、十传百，家喻户晓，有些心术不正的人如获至宝，拿去作为谋利的敲门砖，给单位乃至国家造成严重损失。即使诸如涉及人事变动的内部新闻，你也不要去向有关的人说悄悄话，万一中途有变，你如何去安抚别人呢？如果为此而闹出了矛盾谁负责呢？向亲友泄密，不是害人便是害己。你一片热心向他说了悄悄话，他可能认为这是泄露机密，于是，他当面批评、指责你，甚至状告你，你的体面何在？有些人并不喜欢听那些悄悄话，他不领你的情，这就没有意思了。"多情应笑我，早生华发"，还是封锁感情，守口如瓶吧。

（3）披露悄悄话的话也不要说。

须知这世上有些人很怪，情投意合时无话不说，无情不表；一旦关系疏淡，稍有薄待，便反目成仇，无情无义，甚至添油加醋，不惜借此陷害，从而达到他不可告人的目的。殊不知，这些抖出悄悄话的人，也要吃亏的。我们知道，悄悄话大多是在两人之间传播，试问，你一个人能够证明我有此一说吗？甚至对方出于愤怒会狠狠还击，跟编小说一样编出你的悄悄话，以十倍于你的兵力将你置于有口难辩的境地，纵然两败俱伤，也没有白白被你出卖。结果如何呢？你本是讨好卖乖，求名逐利，或发泄私愤，算计别人，不巧却被悄悄话所害。所以，假使你听了悄悄话，也没有必要往外抖，任何人在这个世上都有一片自由的天地，还是讲究信义，以善良为本，何必让人反咬一口呢？

（4）不要与比你强大的人分享秘密。

你也许觉得你们可以分桃而食，但实际上你只能分食削下的皮。许多人因为分享了别人的秘密而不得善终。他们就像面包皮做的汤匙，很快就与汤走向了同样的下场。听一位王子倾吐秘密并不是什么特权而是一种负担。许多人打碎镜子，是因为镜子让他们看到了自己的丑陋。他们不能忍受那些见过他们丑相的人。假如你看到了某人不光彩的一面，别人看你的目光绝不会友善。绝不要让人认为他们欠了你什么，尤其是那些有权势的人。与他们交往，应该依赖你给过他们的帮助，而非他们给过你的帮助。朋友间互吐心事是世界上最危险的事情，把自己的秘密讲给他人听的人将自己变成了奴隶，这是为人君主者所无法容忍的暴行，为了找回失去的自由，他们会不惜践踏任何东西，任何公理。

02　糊涂说话妙处多

糊涂说话就是指对别人的话装作没有听到或没有听清楚，以便避实就虚、不贸然出击的说辩方式。它的特点是：说辩的锋芒主要不在于传递何种信息，而是通过打击、转移对方的说辩兴致使之无法继续设置窘迫局面，而化干戈为玉帛，并能够寓辩于无形，不战而屈人之兵。在人际交往中，这种方式的妙用很多。

（1）挽回"失言"所造成的尴尬局面。

"马有失蹄，人有失言"，偶尔失言在语言交际中难免发生，但失言往往是许多矛盾发生和激化的根源。因此，挽回失言造成的不良后果，在语言交际中是很有必要的。

例如：实习期间，一位实习生在黑板上刚写了几个字，学生中突然有人叫起来："新老师的字比我们李老师的字好看！"

真是语惊四座，稚嫩的学生哪能想到：此时后座的班主任李老师是怎样的尴尬！对这位实习生来说，初上岗位，就碰到这般让人难堪的场面，的确使人头疼，以后怎样同这位班主任相处？转过身来谦虚几句，行吗？不行！这位实习生灵机一动，装作没有听到，继续写了几个字，头也不回地说："不安安静静地看课文，是谁在下边大声喧哗！"

此语一出，使后座的李老师紧张尴尬的神情，顿时轻松多了，尴尬局面也随之消除。

这里就是巧妙地运用装不知道，避实就虚，即避开"称赞"这一实体，装作没有听清楚，而攻击"喧闹"这一虚像。既巧妙地告诉那位班主任"我"根本没有听到，又打击了那位学生的称赞兴致，避免了他误认为老师没有听见，再称赞几句从而再次造成尴尬局面。

（2）对付别人的诡辩。

"事实胜于雄辩"，掌握充分的事实依据是战胜对手的有力法宝。但是令人遗憾的是，在许多情况下，面对巧舌如簧的人，总是让人难堪至极——明知对方是谬论，却又无法还击。

两位青年农民有一次去给玉米施肥时，因猪粪离庄稼远近的问题而争执起来。

甲说："猪粪离庄稼近，便于庄稼吸收，庄稼肯定爱长。"

乙说："让你这么一说，应该把庄稼种到猪圈里，一定更爱长。"

甲说:"你这是不讲理。"

乙说:"怎么不讲理?你不是说离猪粪近,庄稼爱长吗?"

这时,一位中年农民凑过来说:"我看你们俩谁说得也不对。猪尾巴离粪最近,没见过猪尾巴长得有多长。"

一句话,使在场的人哈哈大笑。

中年农民似乎连常识也不懂,可一语中的地点破了甲、乙两人的诡辩,更兼具强烈的幽默感。

(3)处理、制止别人的中伤、调侃。

朋友之间虽然很要好,有时也会因开玩笑过头而大动肝火,伤了和气。对于这种情况,不妨巧妙地运用"装作不知道",给他一个丈二和尚摸不着头脑的怪问。

袁兵因身体肥胖,同班的赵强、王明"触景生情","冬瓜"长"冬瓜"短地做起买卖来,并时不时拿眼瞅袁兵,扮鬼脸。面对拿自己的生理"缺陷"来开过火的玩笑,实在让袁兵气愤。欲要制止,这是不打自招;如不管他,却又按捺不住心中的怒火。怎么办呢?

此时袁兵稳了稳躁动的情绪,缓缓地走过去,拍着二人的肩膀,轻言细语地问:"赵强,听说你有1.8米高,恐怕没有吧?"接着又对王明道:"你今天早上吃饭没有?"

听到这般温柔怪诞的问话,兴奋中的二人愣在当头,大眼望小眼,如堕五里雾中。全班同学沉寂了几秒钟,随即迸发出哄堂大笑,二人方明白被愚弄了,刚才有声有色的"买卖",再也没有兴致继续下去。

(4)制止别人的挖苦、讽刺。

挖苦、讽刺,都是一种用尖酸刻薄的语言,辛辣有力地去贬损、揶揄对方的行为，极易激怒对方。为避免大动肝火，两败俱伤，也可巧妙地运用装作没听明白的方式见机而行。

丈夫不停地抽烟，烟缸里已经有一大堆烟蒂了，大部分还在冒烟。妻子惊呼："天哪！难道你找不到更好的自杀方式吗？"

妻子出于对丈夫的深切关怀，非常恼恨丈夫抽烟，把抽烟比作"自杀"，用语异常辛辣。作为男子汉的丈夫，虽然自知不对，但对于这样的挖苦，却是忍无可忍。如果直接反击，那也只有伤和气了。此时，不妨装作没有听明白："亲爱的，我正在抽烟思考这个问题。"

这样一个没好气地、似是而非的回答，令人啼笑皆非。丈夫也因为幽默了一次，心理获得了平衡而消了怒气，妻子已经发泄了自己的不满，已不太在乎丈夫听到没有，因此也不再言语。

（5）补救说话中的错漏、失误。

进行即兴演讲，有时会出现这样的情况：演讲者自己也不知为什么，竟说出一句错话，而且马上就意识到了。怎么办呢？倘若遇上这种失误，演讲者不妨装作不知道，然后采用调整语意、改换语气等续接方式予以补救。只要反应敏捷，应变及时，就可以收到不露痕迹的纠错效果。例如，一位公司经理在开业庆典上发表即兴演讲，他这样强调纪律的重要性："公司是统一的整体，它有严格的规章制度，这是铁的纪律，每一个员工都必须自觉遵守。——迟到、早退、闲聊、乱逛、办事推诿、拖沓、消极、懈怠，都是违反纪律的行为。我们允许这些现象的存在——就等于允许有人拆公司的台，我们能够这样做吗？"

这位经理的反应力和应变力是很强的。当他意识到自己把本来想说的"我们决不允许这些现象的存在"一句话中"决不"二字漏掉之后，佯作不知，马上循着语言表达的逻辑思路，续补了一句揭示其后果的话，同时用一个反问句结束，增强了演讲的启发性和警示力。这样的续接补救，真可谓顺理成章，天衣无缝。

03　顾左右而言他

顾左右而言他是糊涂说话的一种有效方式，当对方触及了你的禁忌，或是你不愿提及的话题时，你就可以试着用这种方法来转移话题。这也是糊涂做人的技巧所在。

顾左右而言他是一种言辩对答的交际应变术。它产生于孟子与齐宣王的一次谈话。孟子问齐宣王，有一个人要到楚国去，将自己的妻子儿女托付给一位朋友照顾，可当这个人从楚国回来时，却看到那位朋友让他的妻子儿女受冻挨饿。对这样的朋友该怎么办？齐宣王说，抛弃他。孟子又问，司法官员管不了他的下级，怎么办？齐宣王说，罢免他。孟子又问，国家治理得不好，怎么办？由于这个问题涉及齐宣王自己的责任，因此，齐宣王左右张望了一下，把话题扯到其他方面去了。后来，人们就把故意转移话题，或以其他言语搪塞、掩饰正题的做法，称作"顾左右而言他"。

1945 年，在德国投降、欧战结束后，苏联人民委员会主席斯大林、美国继任总统杜鲁门和英国首相丘吉尔，于 7 月 17 日至 8 月 2 日在德国柏林西南的波茨坦举行会议，进一步商讨战后世界的安排和苏联对日作战的问题。会议举行的前一天，即 7 月 16 日，美国在新墨西哥州的洛斯阿拉莫斯进行首次原子弹爆炸试验成功。杜鲁门带着这张"王牌"参加会议。7 月 24 日，杜鲁门不慌不忙地向斯大林暗示美国已有了原子弹，他向苏联翻译说："请你告诉大元帅，我们已经完善的制造出了威力很大的爆炸物，准备用来打日本，我们想它将使战争结束。"杜鲁门说完后，眼睛盯着斯大林，想看看斯大林对此的反应。然而，斯大林好像没有听懂杜鲁门的话似的，继续谈着其他的话题。其实，斯大林早已知道有关美国制造原子弹的事情，并了解了美国人的进展程度，苏联情报机构已招募到美国曼哈顿计划的主要科学家给苏联提供资料，苏联也正在加紧发展自己的原子弹。斯大林用顾左右的手法，使杜鲁门的核恫吓未能奏效，又没有暴露苏联自己研制原子弹的计划。几年之后，苏联的原子弹也研制成功。

生活中，顾左右而言他的说话方式也有无穷妙用。

一个男大学生爱上了一个女大学生，对女大学生说了一番这样的话："我离不开您，您是温暖着我的太阳，您是照耀着我的月亮，您是为我指引方向的北斗星，您是为我呼唤早晨的启明星。"

女大学生聪明，早已听出这一番表白爱情的极热烈的话，但自己并不喜欢面前的小伙子，怎么办？如果断然说"我不喜欢你"，岂不是会使对方陷入尴尬？不置可否，岂不是对对方不负责任？

于是，她就假装糊涂地说了一句："真美！您对天文学太有研究了，可我，真对不起，我对天文学一点儿也不感兴趣！"

装糊涂转移话题不失为处理难题的好办法。避免了尴尬，同时也让对方不失面子地接受了拒绝。

04 忠言逆耳加糖衣

虽说"良药苦口利于病，忠言逆耳利于行"，但真正乐意听取逆耳忠言的寥寥无几。在人情关系学中，要注意尊重他人，即使是指责批评，也要加上"糖衣"，这样对方才容易接受。这也是一种糊涂应对生活难题的方法。

日本文坛著名的鸳鸯夫妇三浦朱门与曾野绫子，据说数年前每年都要为同一件无聊的事情争吵一次。争吵的原因是，结婚纪念日那一天朋友夏树群子拍来的贺电。朋友的这番心意，新婚时的确很高兴，但结婚15～20年后，却变成了"不受欢迎的好意"。"原来今天是结婚纪念日，来点儿什么庆祝？""算了吧！何必多此一举？反正年纪也不轻了。"两人都不愉快起来，夫妇讨论的结果，认为再这样下去会受不了，由曾野绫子打电话给夏树群子："谢谢你每年的贺电，但已经是老夫老妻了，实在不好意思谈什么结婚纪念日。"隔年起就不再有贺电了。

想必你在日常生活中也一定会遭遇必须讲一些难以启口的话。这种时候，如果直接说"实在伤脑筋"、"这样很麻烦"，很可能引起对方的反感，或者给予对方不快感。如有像曾野绫子那样夹杂机智与笑话来传达的机灵，对方也就一笑置之，既不伤害到对方，说的人心理负担也比较轻。

　　另外警告别人时不要指出缺点，而要强调如果纠正过来会更好。

　　有位公司主管慨叹纠正别人实在难，稍微提醒一下部属，部属不是猛烈反抗，就是越变越坏。这位主管只是指出对方的缺点加以批评而已。

　　有位棒球教练在纠正选手时，不说"不对，不对"，而说"大致上不错，但如果再纠正一下……结果会更好"。他并非否定选手，而是先加以肯定再修正。也就是说先满足对方的自尊心，然后再把目标提高。如果只是纠正、警告的话，只有徒然引起选手的反感，不会有何效果可言。

　　如果你不小心提到对方的缺点时，要加上赞美的话。

　　想必每个人都曾有过不小心说话伤到对方或对对方不礼貌的场合。话一旦说出来就无法挽回，当场气氛就不好了。这种情形人们大多是连忙辩解，或者换上温和一点儿的措辞，这实在不是好方法，因为对方认为你心里这么想才会出言不逊。这种时候不要去否定刚才说出来的话，要尽量沉着，若无其事地附带说道："这就是你吸引我的地方，但是，你也有什么什么优点，所以表面上的缺点更显得有人性。"人对于别人说过的话总是对最后的结论印象最深刻，附加赞美的话，对方便认为结论是赞美的，即使前面说过令人不愉快的话，也就不会计较了。

　　你也可以假托第三者传达对对方的批评。

　　某企业的主管对他公司的几位兼职的女职员言谈不很高雅心里颇觉不爽。有一天，他告诉一个已经任职两三年的女职员："最近的年轻人说话有点儿随便，请你代我转告一下好吗？"

　　那个女职员回答"是"，结果很令人意外。那几个兼职的女职员谈吐多少有所改善，而那个负责转告的女职员对自己的谈吐最为小心翼翼。恐怕是"最近的年轻人"这句话让那个女职员觉得自己也包括在内。

这个女职员的情形，连主管也意想不到。这也可以用作批评别人时的方法，也就是说托诸"第三者"而不要直接批评，如此一来，对方就会虚心接受而不太会产生反感。

然而，这种托诸"第三者"的批评，如果太过明显，听起来倒像"指桑骂槐"，这一点可要多留意。

第八章

半睁半闭，二合为一

——婚姻的持久尤其需要一点儿取舍之道

有人说夫妻之间和谐相处的秘诀在于睁一只眼、闭一只眼，这便是一种方圆做人的态度。假如在爱情与婚姻生活中，彼此事事都要争个明白、弄个清楚，那么，婚姻也许就离尽头不远了，幸福也就更是无从谈起。

01 世间没有完美的爱情

现实生活中女人寻找的是"白马王子",男人寻找的则是才貌双全的"人间尤物",他们寄予爱情与婚姻太多的浪漫,这种过于理想化的憧憬,使许多人成了爱情与浪漫的俘虏。

其实,十全十美的人和事在现实生活中根本不存在,倘若你真的要去抓住这种乌托邦式的梦,那你会让自己劳而无功。

刘静、平娟、丽梅是好得不能再好的闺中密友,三人中刘静长得最美,丽梅最有才华,只有平娟各方面都平平。三个人虽说平时好得恨不能一个鼻孔出气,但是在择偶标准上,三个人却产生了极大的分歧。刘静觉得人生就应该追求美满,爱情就应该讲究浪漫,如果找不到一个能让自己觉得非常完美的爱人,那么情愿独身下去。而丽梅则觉得婚姻是一辈子的大事,必须找一个能与自己志趣相投的男人才行,只有平娟没有什么标准,她是个传统而又实际的人——对婚姻不抱不切实际的幻想,对男人不抱过高的要求,对人生不抱过于完美的奢望,她觉得两个人只要"对眼",别的都不重要。

后来,平娟遇到了陈军,陈军长相、才情都很一般,属于那种扎在人堆里就会被淹没的男人，但他们俩都是第一眼就看上了对方，而且彼此都是初恋的对象，于是两个人一路恋爱下去。对此刘静和丽梅都予以强烈的反对，她们觉得像平娟这样各方面都难以"出彩"的人，婚姻是她让自己人生辉煌的唯一机会，她不应该草率地对待这个机会。但是平娟觉得没有人能够知道，漫长的岁月里，自己将会遇见谁，亦不知道谁终将是自己的最爱，只要感觉自己是在爱了，那么就不要放弃。于是平娟 23 岁时与陈军结了婚，25 岁时做了妈妈。虽说她每天都过得很舒服、很幸福，但她还是成了女友们同情的对象，刘静摇头叹息：花样年华白掷了，可惜呀；丽梅扁着嘴说：为什么不找个更好的？

当年的少女被时光消耗成了三个半老徐娘，刘静众里寻他千百度，无奈那人始终不在灯火阑珊处，只好让闭月羞花之貌空憔悴；而丽梅虽然如愿以偿，嫁给了与自己志趣一致的男士，但无奈两个人总是同在一个屋檐下，却如同两只刺猬般不停地用自己身上的刺去扎对方，遍体鳞伤后，不得不离婚，一旦离婚后，除了食物之外她找不到别的安慰，生生将自己昔日的窈窕，变成了今日的肥硕，昔日才女变成了今日的怨女；只有平娟事业顺利，家庭和睦，到现在竟美丽晚成，时不时地与女儿一起冒充姐妹花"招摇过市"。

刘静认为完美的爱人、浪漫的爱情能使婚姻充满激情、幸福、甜蜜，其实不然，完美的爱人根本就是水中月镜中花，你找一辈子都找不到，况且即使你找到了自己认为是最美满、最浪漫的爱情之后，一遇到现实的婚姻生活，浪漫的爱情立刻就会溃不成军，因为你喜欢的那个浪漫的人，进了围城之后就再也无法继续浪漫了，这样你会失望，失望到你以为他在欺骗你；而如果那个浪漫的人在围城里继续浪漫下去，那你就得把生活里所有不浪漫的事都担待下来，那样，你会愤怒，你以为是他把你的生活全盘颠覆了。

丽梅自视清高，把精神共鸣和情趣一致作为唯一的择偶条件，她期望组织一个精神生活充实、有较强支撑感的家庭，她希望夫妻之间不仅有共同的理想追求和生活情趣，而且有共同的思想和语言。可是事实证明她错了，她的错误并不在于对对方的学识和情趣提出较高的要求，而在于这种要求有时比较褊狭和单一。实际上，伴侣之间的情趣，并不一定限于相同层次或领域的交流，它的覆盖面是很广泛的，知识、感情、风度、性格、谈吐等都可以产生情趣，其中，情感和理解是两个重要部分。情感是理解的基础，而只有加深理解才能深化彼此间的情感，双方只要具备高度的悟性，生活情趣便会自然而生。

平娟的爱也许有些傻气，但是恰恰是这种随遇而安的爱使她得到了他人难以企及的幸福。爱情中感觉的确很重要，感觉找对了，就不要考虑太多，不然，会错过好姻缘的。将来的一切其实都是不确定的，不确定的才是富于挑战的，等到确定了，人生可能也就缺少了不确定的精彩了。平娟很庆幸自己及时把握了自己的感觉，青春的爱情无法承受一丝一毫的算计和心术，上天让平娟和陈军相遇得很早，但幸福却并没有给他们太少。

那些像平娟一样顺利地建立起家庭的青年，似乎都有一个共同的心理特征，即方圆而为，率性而立，他们敢于决断，不过分挑剔。爱情中的理想化色彩是十分宝贵的，但是理想近乎苛求，标准变成了模式，便容易脱离生活实际，显得虚幻缥缈。

02 方圆就是幸福

两个再好不过的恋人，也是两个独立的"世界"。这两个完全独立的个体，只能互相映照、互相谅解，最大可能地去异求同，而绝不可能完全重合为一。鉴于此，为使小家庭里爱情之花常开不萎，都能开开心心地去从事社会工作，就要从互相映照、互相谅解和去异求同上下功夫，这就是"方圆"维系家庭和睦的真谛所在了。但令人烦恼的是，这两个相爱的人，却往往表现出极为强烈的不信任，总想把对方了解得一清二楚，总想让对方按照自己的意志行事，总怀疑对方对自己的忠贞。有理论家把这类现象，归纳为由于"爱"而产生的恐惧症，是获得之后的最不愿意失去。对于控制对方，无论男人还是女人，都有自己的一套方式方法：尤其是女人，最容易表现出不容对方喘息的执着。据资料记载，湖南省的某个山区，曾流传过一种用女人自己创造的文字来写成的"女书"，里面全是只有女人才看得懂的秘密。书中有关于"蛊"药的配制方法，是妻子专门用来对付丈夫的。在丈夫出门办事时，女人会按出门时间的长短，把一定量的"蛊"药放入男人的饭菜里，待他吃下，告诉他到时候一定得回来，男人就会嗖地吓出一身冷汗，牢记时间一刻也不敢耽误地赶回来，向老婆讨足量的解药吃。如果耽搁了行程，没有如期回到老婆身边，就会弃尸他乡的。至于特别喜欢盯梢儿，动不动就搞点儿心理测试，从你的一举一动、一言一行中找出移情别恋的毛病来，则是许多女人和男子的通病了。

中国古代有一个很"美丽"的悲剧故事，叫作《秋胡戏妻》，说的是男人的不是。但用当代的观点看问题，悲剧里的女人本来是受害者，因为"醋"劲十足，才至性命不保的。

说是那个叫秋胡的人，娶妻五天就离家到外地做官去了。五年之后春风得意地回来了，快走到自家村庄的时候，看见田野里有一位楚楚动人的女子在采桑叶，把这个秋胡看呆了，就下了马车，走到女子面前，以就餐、求宿、许金进行挑逗，结果被女子一一回绝。回家后，见过父母，使人召回妻子，一看，竟是那位采桑叶的妇人。秋胡觉得惭愧不说，妻子开始数落起他来，说他离别父母五年了，不是着急回家，反而调戏路边的妇人，是不孝、是不义。不孝的人，就会对君不忠；不义的人，则会做官不清。于是，出村往东跑去，投河自尽了。按封建社会的伦理道德（《素女经》），采桑的女子没有对调戏她的男人立即顶撞回去或马上走开，虽为拒绝却有周旋之嫌，这就失去了贞节，就应该选择去死了。所以，后人为了表彰她的节烈，建起了一座座的"秋胡庙"。庙里供奉的却是这位青年女子，因为她没有留下自己的名字，所以就用她丈夫的名字做了庙名。其实，这位女子大可不必这样认真，她的丈夫已经表示惭愧了，她也并没有什么轻佻的言行，完全可以教训丈夫几句，就什么都过去了。她的丈夫甚至可以用已经认出了她，只不过是故意开个玩笑试探她的忠贞来掩饰，如此，夫贵妻荣，岂不皆大欢喜？关键就是这位女子心里没有"方圆"的处世方法，尤其对丈夫的期望值过高，认为丈夫将来一定不会忠于他们的爱情，与其将来难受，不如现在一死了之。结果，白白断送了年轻的生命。

值得我们深思的是，古代的悲剧故事并不过时，在现实生活里，因为丈夫的拈花惹草，或者只是怀疑丈夫另有第三者，于是争吵、纠缠中自杀殉情的也大有人在。在恋爱、婚姻的问题上，男人往往比女子想得开些，真发现妻子在感情上有问题，自己觉得窝囊，阳刚之气涌上来，索性来个一刀两断者有之；也有怕以后娶不上媳妇或为了孩子的，就干脆装起"方圆"来，只劝女子改过了之，岁月长着呢，时过境迁的时候也是有的，说不准夫妻俩又恩爱如初，小日子真就红红火火地过起来了呢！

　　婚姻生活就是如此，要得到幸福就不可太计较，否则就只能尝到苦涩和泪水。

03　不要去科学的精准衡量婚姻

　　婚姻不是科学，因为科学要求精确，必须丁是丁、卯是卯，来不得半点儿含糊。可是婚姻往往是难得方圆的。比如谈恋爱时，男人对女人说："今后，只要别的女人有的，我一定要让你拥有，别的女人没有的，我也一定要让你得到。"可是结婚多年了，不说别的女人没有的，妻子没有得到，就是别的女人早已拥有的，他妻子也都未曾拥有过，试想如果妻子一定要丈夫履行他当年的诺言，这日子还能过下去吗？古人说"水至清则无鱼"，这同样适用于爱情和婚姻，太清醒了或许就没有疯疯癫癫的爱情了，有人说汉字里的"婚"就是一个"女"字加一个"昏"字，只有女人被男人的花言巧语打动得昏了头，才可以有美满的婚姻，而且女人越是昏得一塌方圆，婚姻反而越是可以长存不散。

其实仔细想想，男人的爱情誓言差不多全是捉襟见肘的，如果女人认真起来，略作考证便可将男人豪壮又温馨的空口许诺批驳得片甲不留，但是女人竟相信和默认了它，这不是女人的方圆，却体现了女人的精明。女人对男人的诺言不做批驳，只从他那一堆堆的爱情诺言里寻找被爱的温暖和幸福，她们一方面假装方圆，一方面却从男人那发挥到了极致的诺言中清醒地体会着爱情的甜蜜。

婚姻不是科学，我们的科学可以把卫星从"零"搞到"有"，从"有"到今日的百试不爽，我们却不能积十次或百次的婚姻失败经验，保证下一次一定成功，婚姻不是给人欣赏的，幸福或不幸福，是自己独修的学分，别人成功的经验或失败的经验，只可参考，帮不上太大的忙，否则全世界的婚姻早就桩桩幸福了。有时即便是自己曾经失败的经历都无法给自己的后来实践充当借鉴，美国著名影星伊丽莎白·泰勒一生结过八次婚，已经八十高龄的她还没有放弃对爱情的追寻，就是对此的一个绝好佐证。

研究科学需要智慧和才华，而经营婚姻则需要愚笨和迟钝。

小慧从小就是个受人宠爱的孩子，聪明、漂亮、进取心强，上学的时候顺风顺水，成绩优秀得让人羡慕。大学毕业的时候，她立志支援贫穷落后地区，所以去了一个偏远的山区当了一名中学老师。可是，很快她就发现，自己以前对生活的想象是多么可笑。她不习惯当地的生活，忍受不了当地恶劣的气候和自然条件。在上大学的时候，学校里有很多男生追她，可她没看得上他们中的任何一个，那时她的眼光太高，她把爱情憧憬得太美妙了，所以她从来没有切身感受到爱情的甜蜜。

　　暑假回家探亲时，亲戚为她介绍了一个男朋友，他叫李元，高高的个头，曾经是校篮球队的队长，人长得也很潇洒，虽然小慧过去遇到过很多比他更优秀的男人，但毕竟是错过了的，而这时她已经变得现实了许多，她知道她现在只有依靠他才能调回家乡，因为他的父亲官职不小。

　　就这样，他们自然而然走到了一起。后来在李元父亲的关照下，小慧果然调回来了。不久他们就结了婚。婚后的日子很甜蜜，但是小慧还是不满足，她想出国留学，等到她真的接到国外大学的入学通知书时，许多亲朋好友都劝她要慎重考虑，不要匆忙做决定，他们认为时空的距离可能会影响她和李元的爱，但是小慧不以为然，她相信自己，更相信李元。

　　就这样，结婚不到一年的小慧只身飞往了异国他乡。刚开始，小夫妻俩还每隔三五天通一次电话，亲热得就像天天在一起时似的。可时间一长。先前的亲密便开始悄悄减退，而且每次通电话，小慧总是感受到电话那端有别的女人的气息。虽然李元从来就没有提过这个女人，小慧也从来没有听过她的声音，但小慧确确实实地感受到了她的存在。小慧独在异乡，非常渴望来自家庭的温暖，可她怎么也没想到来自第三者的威胁让她身心彻骨冰凉。她决定马上回国探个究竟。

　　由于回国之前没有给家里打电话。所以当她出现在家里的时候，迎接她的是李元那张苍白的脸以及躲藏在他身后的那个女人，当时小慧很镇静，只是觉得那个女人无论从哪个方面都比自己逊色很多。

　　小慧一句话也没说，转身拖着行李箱回了娘家。之后的日子，她不吃不喝，静静地躺在床上，两眼望着天花板发呆。脑子里始终萦绕着一个问题："我该怎么办？"

　　李元天天都过来看望她，看到她伤感和憔悴的样子，很心疼，他说在他的心目中小慧是世界上最优秀的女人，是他这一生中的最爱，他从来就没有想过要和别的女人结婚。那个女人早在大学时代就一直在追求他，他一直就没有答应，直到小慧出国，他感到孤独寂寞，那个女人才有机会乘虚而入。

渐渐地，小慧那颗狂躁的心渐渐平静下来，开始思考一些问题：李元毕竟是她想托付终身的男人，她从来就没有想过要离开他，出国读书仅是她人生中的一个梦想而已。她原打算，一拿到学位就回到国内，从此和他在一起，永远也不分离。没想到，他竟然背叛了她，可又有什么办法呢，离婚就是最佳选择吗？自己天生心高气傲，即便离婚后再找丈夫，也一定会选择像他这样活力四射的男人，而这种男人又无一例外的都是女人们追逐的焦点，所以离婚再嫁很可能还不如维持现状，毕竟她和李元还有一定的感情基础，他还是很在乎她的。于是她选择了跟李元回家，至于她心灵深处的创伤也许永远都难以弥补了。

婚姻常常无法用理智来进行分析，因为婚姻里面包括了很多东西，生活的顺利不一定意味着婚姻的幸福，财富的增加不一定就保证婚姻的稳固。一对法国夫妇一直想有一次浪漫的旅行，但限于他们的经济能力，这只是一个梦想。有一天，突然中了大奖，他们的梦可以实现了，他们也不用再为梦忧愁了，但当他们的浪漫旅行结束之后，他们决定分手，因为他们再也没有另外一个共同的梦需要完成。

台湾著名作家余光中谈到对婚姻的理解时说："家是一个讲情的地方，不是讲理的地方。"所以，不要企图用科学的精准去衡量婚姻。

04 在爱情面前含蓄一点儿

当一份美好的爱情摆在你面前时，要让对方明白你的爱意。

除了要正确把握、看准火候、理解爱情的光明正大外，就是要借用"难得方圆"的处世方式，比较含蓄地向对方表达心迹，运用得当的话，可以保持较好的进退自如的权力，如果对方暂时不愿意，也不至于陷入尴尬，只当是友善地开了个玩笑。在装作"方圆"、含蓄地表达爱情的事情上，共产主义理论的创始人马克思，做法独树一帜，其聪明的思维、运用道具的奇特，很值得人们欣赏和借鉴。马克思与燕妮在交往中心心相印，他对求婚的成功有很大的把握与信心，但因为难以首先开口，就想出了一个很含蓄的法子：有一天，马克思与燕妮又一次相约会面。看上去，马克思好像满脸愁云。他对燕妮说："我交了一个朋友，准备结婚，不知她同意不同意？"燕妮大吃一惊："你有女朋友了？""是的，认识已经很久了。"马克思望着燕妮紧张的样子，胸有成竹了，接着说："我这里有一张她的照片，你想看看吗？"燕妮痛苦不安地点了点头。于是，马克思拿出一只精制的小木匣递给她。燕妮接过来，双手颤抖着打开后，一下子呆住了——原来，小木匣里放着的是一面镜子，"照片"就是燕妮自己呀！一下子沉浸在幸福热浪中的燕妮，不顾一切扑向马克思的怀里。这就是伟大人物的含蓄，他有着和普通人一样的爱情感受，肯定也有过和普通人一样的徘徊无助，但最终用真情和智慧解决了问题。采用假装方圆的方法，委婉含蓄地道出心声，实际上是一种很讲究的行为艺术，被人们视为"抛砖引玉"之法；就是在开始有关爱的话题时，要启发对方说出求爱者想说而又不敢明说的心里活，然后顺水推舟地表明态度，其方式曲径通幽，耐人寻味。

民国时期，著名外交家顾维钧博士，1919 年在巴黎跟年仅 19 岁的美丽姑娘黄蕙兰相识。一天，丧偶的顾维钧聊起白金汉宫、爱丽舍宫、白宫的情况时，黄蕙兰说，她从未奢望过被邀请到这些地方。顾维钧马上抓住话题，意味深长地对她说："我到那些地方进行国事访问时，我的妻子是和我一起受到邀请的。"黄蕙兰一时未听出话中之话，天真地说："可是你的妻子早已去世了。"顾维钧马上接话说："是啊，而我的两个孩子需要一位母亲。"黄蕙兰一听，似有所悟，望着他问："你的意思是说你想娶我？"顾维钧这时十分认真地说："是的，我希望如此，我盼望你也愿意。"由此，双方结成了美好姻缘。

试看以上两种含蓄的方式，进行到中途时即使遭遇拒绝，也没有什么难为情的，不但可以马上停止，而且只当是开了一个友善的玩笑！

含蓄的主要意思是：含而不露，耐人寻味。但是再怎样的含而不露，也必须让人家在"寻味"中明白，否则也就失去了"含蓄"的艺术效果。特别是求爱艺术中的含蓄，实际上是情操和智慧的显示，是一种朦胧状态下的暗示，虽然没有直接说明，但是已让对方心中了然。绝不可为了含蓄而含蓄，让人无从接受，以至于遗恨终生。在中国当代幽默大师赵本山主演的电视连续剧《马大帅（二）》中，用剧中人"萍"的回忆，向观众讲述了一个很离奇、很深刻、很悲惨，又的确很可信的爱情故事，说"萍"在大学里，与一位公认的白马王子产生了感情，两人相处得很纯美、很愉快、很心灵相通。就是因为太在意对方了，反而都心中害羞，谁也张不开嘴把这层"窗户纸儿捅破"。毕业分配的时候，男的送给"萍"一本诗集，在每一页的顶端写了一个字，如果把写在每一页上的每一个字连起来，就是一封简短的求爱信了。可是，"萍"偏偏不怎么喜欢诗，更不知道诗集里的秘密，把那本诗集束之高阁了。男方苦等了几年，总放不下这份感情，以至于思念成疾，在生命弥留之际，打电话让"萍"一定带着那本诗集南下，在生离死别的病榻前，才揭开了这个谜底。郑板桥老人创造的"难得糊涂"，实际上是佯装不知的假方圆，是一门行为艺术。不过，想要做什么，心里明确，过于含蓄，就不再是艺术了，就是弄巧成拙，就是未能达到知己知彼的真方圆了。

05　婚姻如棋

　　精通下棋之道的人都会明白，对弈者往往全神贯注又彼此互不相让，有时争得脸红脖子粗，甚至掀翻棋盘又和好重来的场景，颇有某种象征意味，其实下棋的过程和形式与婚姻有些相似。

　　婚姻如棋，对弈的永远是一男一女。两个人从相识到相爱，就是在茫茫人海中寻觅下棋对手的过程。当男女双方在鞭炮的祝福声中步入婚姻的围城，彼此的对弈就已经拉开帷幕。男人的第一步棋就是想如何讨得女人的欢心而确定自己在社会家庭中的地位；而女人的第一步棋则是，怎样向自己所爱的人展示自己独特的魅力，让自己既美丽又动人。经过多次的反复较量，彼此开始摸透了对方的棋艺，于是，一些男人开始以攻为守，从奴隶晋升到将军，而一些女人则以守为攻，从主人变成仆人。

有一幅漫画，极其形象生动地再现了婚后男女心态的变化。婚前，一个男人晴天打着伞去追女人；婚后一个女人雨天抱着孩子追赶着打伞的男人。这就是一盘棋的一个过程。

在对弈的过程中，有的女人往往故意让男人一招，然后趁其扬扬得意中，瞅准时机，将男人置于"死"地而后快；有的男人往往装方圆，然后趁对方放松警惕时而奋力出击。在彼此较量的过程中，出现了成功的男人和女人，而其中的奥妙却是，女人的贤惠为男人的成功架起了一道云梯，而男人的无情则为女人的成功奠定了基石。

男女双方在对弈的过程中彼此改变和影响着对方，于是，出现了这样的情景：堕落男人的身后往往有一个贪婪的女人，女人在对物欲的贪婪中，将配偶送进了牢房；成功女人的背后往往有一个愚蠢的男人，男人在对婚姻的伤害中，将配偶推上了令人瞩目的排行榜。婚姻如棋。在男女相互拼杀的过程中，往往会发生戏剧性的变化：当男人想征服女人时，自己却稍不留神成了手下败将，当女人想输掉一局时，自己却占了明显的优势。正所谓有心栽花花不开，无心插柳柳成荫。

有人在下棋的过程中相信智能，认为如何下好婚姻这盘棋至关重要；有人相信命运，认为是胜是败都无法预测。每一个人都无法避免或逃避这场令人瞩目的两性战争，在这场战争中，愚蠢者想速战速决，聪明者则力求打持久战。在你来我往的交战中，凡是相濡以沫的夫妻只有和棋而无赢家，放弃了胜负心。在方圆相处中，婚姻本可幸福地走到尽头。

第九章

事如棋局，谋而后动

——动脑筋下好人生这局棋

人生如棋，一味冲撞的是阵前卒子，动辄倾尽身家性命。唯有将帅之风者才知道何时该冲锋陷阵，何时该韬光养晦。做人处世须知过刚则易折，骄矜则招祸，应以忍辱柔和为妙方，刚柔并济，取舍有度。

01 世事如棋，谋定而后动

俗话说人心难测，社会上充满了各种各样的陷阱，一着不慎就可能万劫不复了。做人处世应该三思而后行，尽量让自己的计划周详，这样才能避免失败。适当的忍耐和柔顺是必要的，这是为了避免不必要的麻烦和牺牲，也是为了最终达到自己的目的。

明朝嘉靖时期，奸臣严嵩受到皇帝的宠信，一时权势熏天，在朝中对不顺从他的大臣横加迫害，很多人都对他敢怒不敢言，许多有志之士更是把推翻严嵩当作目标。

当时严嵩任内阁首辅大学士，而徐阶也是内阁大学士，他在朝中很有名望，严嵩就多次设计陷害他。徐阶装聋作哑，从不与严嵩发生争执，徐阶的家人忍耐不住，对徐阶说："你也是朝中重臣，严嵩三番五次害你，你只知退让，这未免太胆小了，这样下去，终有一天他会害死你的。你应当揭发他的罪行，向皇上申诉啊。"

徐阶说："现在皇上正宠信严嵩，对他言听计从，又怎么会听信我的话呢？如果我现在控告严嵩，那么不仅扳不倒他，反而会害了自己，连累家人，所以这事绝不可莽撞！"

严嵩为了整治徐阶，就指使儿子严世蕃对徐阶无礼，想激怒他，自己好趁机寻事。一次，严世蕃当着文武百官的面羞辱徐阶，徐阶竟是没有一点儿怒色，还不断给严世蕃赔礼道歉。有人为徐阶打抱不平，要弹劾严嵩，徐阶连忙阻止，说："都是我的错，我惭愧还来不及，与他人何干呢？严世蕃能指出我的过失，这是为我好，你是误会他了。"

徐阶在表面上对严嵩十分恭顺，他甚至把自己的孙女嫁给严嵩的孙子，以取信严嵩。后来，直到嘉靖四十一年（1562年）邹应龙告发严嵩父子，皇帝逮捕严世蕃，勒令严嵩退休。徐阶还亲自到严嵩家安慰。这一行动使得严嵩深受感动，叩头致谢。严世蕃也同妻子乞求徐阶为他们在皇上面前说情，徐阶满口答应。

徐阶回家后，他的儿子徐番迷惑不解，说："严嵩父子已经获罪下台，父亲应该站出来指证他们了。父亲受了这么多年委屈，难道都忘了吗？"

徐佯装十分生气，骂徐番说："没有严家就没有我的今天，现在严家有难，我负心报怨，会被人耻笑的！"严嵩派人探听到这一情况，信以为真。

严嵩已去职，徐阶还不断写信慰问。严世蕃也说："徐老对我们没有坏心。"殊不知，徐阶只是看皇上对严嵩还存有眷恋，皇上又是个反复无常的人，严嵩的爪牙在四处活动，时机还不成熟。他悄悄告诉儿子："严嵩受宠多年，皇上做事又喜好反复，万一事情有变，我这样做也能有个退路。我不敢疏忽大意，因为此事关系着许多人的生死，还是再看看情况定夺的好。"

等到严世蕃谋反事发，徐阶密谋起草奏章，抓住严嵩父子要害，告严嵩父子通倭想当皇帝，才使得皇上痛下决心，除掉严嵩父子。

徐阶不逞匹夫之勇，默默忍耐，以柔顺的表面保全自己，终于等到时机扳倒了严嵩父子。

没有十足的把握就不动手，徐阶的做法可谓谨慎有加。正因为他能忍辱负重，示敌以弱，才能在严嵩的步步紧逼下化险为夷，最后抓住机会一举歼敌。

我们做人处世也应该谨慎小心，不能争一时之气，急躁冒进，否则只会撞得头破血流。

谨慎是做人处世的秘诀

刚正直爽的确会受人敬重，可是往往也会不利于人际交往和成就大业，所以能控制自己的脾气和冲动，才会赢得最后的胜利。特别是我们经常会遇到一些对我们的事业有重大影响力的人，而这些人有的又会很多疑，如果不能谨慎小心的话，可能就不会令他信任自己，那么很多好的发展机会也就会随之溜走了，严重的话可能还会带来祸患。

东晋明帝时，温峤在朝中掌握机要，深得明帝的器重。

大将王敦领兵在外，有反叛之心。他知道温峤十分有才干，担心温峤会对自己不利，于是请求明帝让温峤到他的军营任职。

温峤到军营后，王敦想拉拢他入伙，就对他说："你有胆有识，应当干大事业，如果有这样的机会，你会放弃吗？"

温峤早已看出王敦有谋反之意，他明知王敦在试探自己，却表现得十分痛快，连声说："你是做大事的人，正因为这样，我才乐意跟从你啊。有机会建大功，请不要忘了我。"

王敦十分满意，以为温峤和自己是一条路上的人，对温峤也不严加戒备了。

温峤稳住了王敦，但还是不失时机地规劝他为国尽忠。王敦毫不在意，温峤于是放弃努力，他对自己的心腹说："王敦反意已决，不可再劝了。我现在只能处处小心，否则一定会遭他毒手。"从此以后，温峤开始极力巴结王敦，说他有不凡之相。无论王敦说什么，温峤都极力附和，从无一句反对的言语，这让王敦更加地信任他。温峤的心腹劝温峤逃跑，对他说："你在这里受尽委屈，稍有不慎就有杀身之祸，不如一走了之。"

温峤说："王敦派人监视我，我哪里跑得掉呢？即使我有逃跑的机会，也有可能被王敦抓回来。何况他现在还没有公开叛变，我逃出去也会被他加上罪名，反而不被朝廷所信任，我不能不慎重啊。"

温峤仍然忍耐着，又和王敦手下的死党钱凤交往。他夸奖钱凤智勇双全，有事无事都和他把酒言欢。不长时间，钱凤就视他为知己，对他另眼相看。

后来，丹阳知府一职空缺，钱凤推荐温峤继任，利用这个机会，温峤才脱离王敦的掌握，顺利回到京都。他将王敦欲谋反的消息奏报给朝廷，使朝廷有了充足的防范时间，最终平定了王敦的叛乱。

在实力不如对手时，忍耐和取信于对方是很有效的办法，可以让对手放松警惕，从而取胜。在工作生活中，适时的隐忍也有助于人际关系的和缓。当实力不如对方时，不妨默默忍耐，静候时机。

03 让忠言不再逆耳

在人际交往中，人们往往喜欢听好话，而不愿意听逆耳忠言。其实很多事只要换个角度去做，许多话只要换个角度去说，就很容易被人接受了。

以委婉、灵活为代表意义的"柔"可以发挥这样的作用。

吴王想去攻伐荆国，许多人都认为不应该这样做，但吴王刚愎自用，告诉他左右的人说："谁敢来劝谏我，就处以死刑。"

有一个舍人（掌宫中之政的人），他有一个年轻的儿子，这个孩子想进谏劝阻吴王，但又害怕被处死。于是，他就拿着弹弓到后园去守候，身上的衣服都被露水沾湿了，一连三个早上都是这样。吴王见了十分惊奇地问："你到底想做什么，为什么要把衣服都弄成这样呢？"

舍人之子说："后园里有树，树上有蝉，蝉在高树上鸣叫着，饮着露水，而不晓得捕它的螳螂正在自己的后面呢。螳螂正低下身子想去抓蝉，但它也不知道黄雀正在它的身后等着它呢。黄雀等着螳螂，想去捉它，却不晓得我拿着弹弓正在它的下方呢！这三个都是想得到它自己眼前的利益，而没有顾虑到后面的灾患。这是我这几天以来所明白的道理。古人说，朝闻道，夕死可矣，为了懂得这些道理，我被露水打湿衣服又算什么呢。"

吴王听了他的话，说："很有道理。"于是，吴王收回了出兵攻打荆国的命令。

舍人之子巧妙地说服了吴王，而又没有让他觉得难堪或气恼，从而为自己招来杀身之祸，他用事例说明道理的进谏方式的确柔婉而有效。如果我们在平时生活里也能巧妙地运用这种方法来劝说别人，相信会得益良多。

纵横家苏秦为燕昭王效力，他前往齐国，凭三寸不烂之舌，说服了齐王归还燕国十个城池。苏秦劝说有功而返，以为将受到燕昭王的礼遇，可是没料到有人在燕王面前诋毁他，燕昭王偏听偏信，不但不以相国之礼相待，反而对他心存成见。苏秦为自己的处境深觉委屈，他忍受着压力，想方设法摆脱这种局面。

一次在拜见燕昭王的时候，苏秦说："近日我听到一个故事，发人深省，愿意和大王您一起分享。"

燕昭王不知道苏秦什么意思，只好耐着性子说："说来听听无妨。"说完就闭上眼睛，不再理会他。

苏秦并不因燕昭王的态度冷漠而气馁，他开始讲故事。

"从前，有一个男子世代经商。为了让自己的家人生活得更好，他常年在外面做生意，只剩下原配夫人和一个小妾在家中独守空房。他的夫人耐不住寂寞，和一个游手好闲的男人私通，这一切都被那个小妾看在眼里，但是她什么也不敢说，害怕被夫人报复。一天，那名男子和原配夫人在房中商量等商人回家后应该怎么办。夫人十分迷恋那个情夫，就说：'我们真要在一起，他就必须得死。到时我准备一杯毒酒对付他，一切就好办了。'小妾正巧路过，听到了他们的对话，日日忧虑不止，担心丈夫回来后会遭到不幸，可是她又不知道该怎么阻止这件事。

"不久，商人回来了，给妻子和小妾带回了许多金银首饰。两个女子忙着迎接丈夫，端上来一道道美味的菜肴。一切都准备好了，原配夫人吩咐小妾为丈夫倒酒。小妾左右为难。不倒，害怕丈夫和原配夫人说自己不懂规矩和礼法；倒吧，又害怕酒中有毒会毒死丈夫，说不定还要把自己牵扯进去；要是直接说明酒里有毒，又担心丈夫赶走原配夫人，自己于心不忍，而且也不知道丈夫会不会相信自己。她灵机一动，假装被脚下的东西绊了一下，打个趔趄，把手中的酒壶摔破了。可不知情的男主人却很生气，破口大骂，后来还打了小妾一顿。"

燕昭王听得津津有味。故事讲完后，他沉思片刻，似有所悟地问苏秦："你不会仅仅是要我听个故事吧？你想说什么？"

苏秦见大王已明白几分，便笑着说："我是想说，有许多在大王您身边的人，就像故事中的小妾，对大王忠心耿耿。而您却还不能像对待原配夫人那样信任他们，更何况想陷害小妾的原配还不止一个！身陷小妾处境的人最终要被大王遗弃啊！"

燕昭王看着苏秦，对他会心一笑，说："你的意思我明白了！"不几日他便赏赐苏秦，以相国之礼厚待他。苏秦因此才得以逃脱了"小妾"的命运。

在现代社会的职场上，各种关系错综复杂，难免会有小人作祟。要想在上司的防备和小人的陷害中挣脱出来，学习一下苏秦的策略还是很必要的。

忠言之所以逆耳，就是因为它往往是一针见血，要是若能巧妙地以能启发人深思的方式说出来，让当事人自己去思考回味，并领悟其中的道理，那么就比较容易让人接受了。

04 劝人也要讲技巧

有些话明明是好话，是为了对方着想，可是因为讲的方式不恰当，就会被人当成是恶言，甚至会误会了你的用心，反而避之不迭。如何才能把劝导别人的话讲得容易让人接受，这在做人处世上是一个大学问。

明宪宗时，有一个在宫中唱戏的小太监，名叫阿丑。阿丑聪明伶俐，演技超群，而且善于搞笑逗乐，常常逗得看戏的皇亲国戚捧腹大笑。虽然阿丑只是一个为皇上演戏解闷的小太监，但他却秉性耿直、疾恶如仇。

宪宗当时十分信任欺上瞒下的太监汪直，并任命他为西厂的总管。汪直掌握了大权后，不分昼夜地刺察官民的动向，还常常牵强附会，胡乱定罪，被他投进大牢的人不计其数。一时间民怨沸腾，朝廷诸臣却敢怒不敢言。

皇上不但觉得汪直对自己忠心耿耿，极力重用，而且对巴结汪直的左都御史王越和辽东巡抚陈钺两人也宠爱有加。这两个官员依仗汪直的权势专横跋扈，不但不择手段地排挤与他们意见有分歧的朝臣，还陷害了不少正直刚烈的大臣。由于这三个人，上自朝廷官员，下至黎民百姓，个个人心惶惶，国家一片纷乱。

而明宪宗对此毫无觉察，许多一心为国的正直大臣向他进谏，揭露汪直三人的专横，陈说他们权势过重的危害和仇怨众多的严重性，可是宪宗对此却充耳不闻，觉得是其他大臣对自己的忠臣心生嫉妒、蓄意诽谤。因此只要有前来劝谏的大臣，他都断然拒见或者厉声呵斥。

阿丑早就对汪直等人的恶行深恶痛绝，但见到诸大臣直谏不行，反而碰了一鼻子灰，他一个小太监更没资格去进谏了，搞不好还会被砍头。于是，他决定寻机委婉地劝谏宪宗。阿丑费尽心思编排了两出戏目，准备等皇上来看戏时表演给他看。

一天，宪宗前来看阿丑演戏。阿丑装扮成了一个酗酒者，只见这个醉鬼跌跌撞撞地四处走动，指天指地的谩骂，耍着酒疯。另外一个扮演过路人的戏子上台了，只见过路人慌忙上前，搀扶着醉鬼，说："官人到了，你还在这儿游荡，是大不敬啊！"

醉鬼置若罔闻，依然我行我素。过路人又对他说："御驾到了！我们赶快回避吧！"醉鬼依然谩骂不止，不理不睬。过路人又说："宫中汪大人到了。"醉鬼立即慌了手脚，酒也醒了大半，紧张地环顾四周，寻找躲避的地方。过路人好奇地问："皇帝你尚且不怕，还怕汪太监？"醉鬼慌忙捂住过路人的嘴巴，低声说："不要多嘴！汪太监可不是好惹的，我怕他！"宪宗看到这里不禁紧锁眉头，联想起以前大臣们的进谏，他若有所思，一会儿就离开了。

第二天，皇上又来看戏，并且点明要看阿丑的戏。阿丑心知这是皇上看进去了自己昨天的表演，便按照自己的计划把排练好的第二出戏搬上了戏台。

这一次，阿丑竟然装扮成汪直，穿上西厂总管的官服，昂首挺胸，左右手各拿一把锋利的斧头。只见"汪直"在路上行走，其态如螃蟹，四处横行。又有过路人问："你走个路还拿两把斧子，不知有何用处？""汪直"立即露出不屑一顾的表情说："你何以连钺都不认识，这哪儿是斧！分明是钺！"过路人又问："就算是钺，你持钺何故？""汪直"扬扬得意地笑道："我今日能大行其道，全仗着这两钺呢，它们可不是一般的钺！"过路人好奇地问："不知它们有何特殊之处？您的两钺为何名？""汪直"哈哈大笑道："你真是孤陋寡闻，连王越、陈钺都不知道吗？"

宪宗听后也哈哈大笑，看罢戏，宪宗立即下达诏书，撤去汪直、王越和陈钺的官职，谪贬外地。

如果阿丑像那些大臣们一样直谏，效果肯定不会比他这样以戏说事来得好。当权者往往不容别人质疑自己的智慧，说他宠信的人是奸臣，其实也等于是说他没有识人之明。所以这种时候只能想方设法让他自己明白错误。

宋朝知益州的张咏，与寇准是多年的至交好友，他听说寇准当上了宰相，就对自己的部下说："寇准奇才，惜学术不足尔。"这句话一语中的。寇准为人正直，有着很高的智慧和办事能力，但是知识面不够宽，这就会极大地限制寇准才能的发挥。因此张咏很想找个机会劝老朋友多读读书，因为身为宰相，关系到天下的兴衰，理应学问更广泛些。

恰巧时隔不久，寇准因事来到陕西，而刚刚卸任的张咏也从成都来到这里。老友相会，格外高兴。寇准设宴款待张咏，等到分别的时候，寇准问张咏："何以教准？"也就是问张咏有没有什么事情要指教自己的。张咏对此早有所考虑，正想趁机劝寇准多读书。可是他转念一想，寇准现在是一人之下万人之上，如果自己直截了当地说他不爱读书没学问，那不仅会让寇准没面子，而且如果被别人听去，还可能作为攻击寇准的把柄。于是他沉吟了一下，慢条斯理地说："《霍光传》不可不读。"

当时寇准没弄明白张咏说的是什么意思，但是老朋友的话一定另有深意。于是回到相府，寇准赶紧找出《汉书·霍光传》，从头仔细阅读，当读到"光不学无术，谋于大理"这句时，才恍然大悟，自言自语地说："这就是张咏要告诫我的事啊。"

是啊，当年霍光任过大司马、大将军要职，地位相当于宋朝的宰相，他辅佐汉朝立有大功，但是居功自傲，不好学习，不明事理。这与寇准有某些相似之处。因此寇准读了《霍光传》，也就明白了张咏的用意，并接受了他的意见。

寇准是北宋著名的政治家，为人刚毅正直，思维敏捷，深受名士嘉许。但缺点就是不注重学习，影响了自己才能的进一步发挥。张咏对他的劝告可谓用意深切，而寇准的领悟也是很准确的。

写作课上老师教学生一大诀窍："含蓄不露，便是好处"，"用意十分，下语三分，可见风雅，下语六分，可追李杜，下语十分，晚唐之作也"。其实这也是做人一大诀窍，做人不能太露，太露了就是"晚唐之作"，不可取。

柔婉含蓄是一种大气、一种教养、一种风度，真正会做人的人，总是柔婉含蓄的，总是懂得明明占理十分只说三分，总是记得要把逆耳的话包上糖衣再说给人听。不过这的确很难做到。人性的弱点之一是贪图一时之快，何况在理儿上的，常常会不知不觉"理直气壮"地"一吐为快"了。而且很多人都认为忠言直谏才是君子所为，但是如果你要劝导的人没有那么宽广的心胸，你的一腔热忱和好意反而引人不快，将心比心，我们自己不也一样是爱听委婉善意的话吗？所以能让忠言不逆耳，实在是大智慧，大修养，大气度，大学问。

05　退让一步容易处世

世上有许多灾祸、矛盾的起因可能都是些微不足道的小事，只因彼此针锋相对，谁也不肯吃亏，才会将问题升级，演变得不可收拾。这其中因口角之争而引发无穷祸患的例子不在少数。如果此时可以退让一步，其实是可以将祸患化于无形的。

释迦牟尼佛祖在世的时候，也曾经遭人嫉妒、谩骂。有一次，他遇到一个人，一直堵住他骂个不停。可是不管那个人骂得有多难听，释迦牟尼仍然心平气和地保持沉默，等到对方骂累了，歇下来了，释迦牟尼才问他："我的朋友，如果一个人送东西给别人，对方却不接受的话，那么那个东西是属于谁的呢？"

"当然是属于那个送东西的人啦。"那个人很不客气地回答。

释迦牟尼说："刚才你一直在骂我，可是我若是不接受这些赠礼的话，那么刚才那些骂人话是属于谁的呢？"

那个人顿时为之语塞，沉默了下来，从而也了解到自己以往的过错，并发誓以后再也不诽谤他人了。

　　释迦牟尼把自己的这个经验告诉给弟子，要他们戒之慎之："一般人遭人辱骂后，总想回嘴报复，其实是不必要的。因为那个人总会自食其果，要想污辱别人，不但没有达到目的，反而会回报到自己身上，污辱到自己。因为当人开口辱骂别人的时候，就是在污辱着自己的修养和道德。"

　　所以说忍辱不是懦弱，而是智慧，愚笨的人是做不到忍辱的。宋朝学者程颐说："愤欲忍与不忍，便见有德无德。"由此可见柔忍关系到人的品德操行。

　　我们要和各种性格、地位的人打交道，所以要能包容各种人、各种看法、各种行为。汉朝的吕蒙正刚任参知政事（副宰相），一天正在准备上朝时，有一位官吏躲在门帘后头说："就是这个不学无术的小子当上了参知政事呀？"吕蒙正假装没听见就走过去了。与吕蒙正同在朝班的大臣非常愤怒，下令责问那个人的官位和姓名。吕蒙正急忙制止，不让查问。下朝以后，那些大臣仍然愤愤不平，后悔当时没有彻底查问。但是吕蒙正则说："一旦知道那个人的姓名，我就一辈子也不会忘记了，始终要记着他说过我的坏话。倒不如不知道他是谁为好。这样对我来说也没有什么损失。"当时的人都很佩服吕蒙正的肚量。

　　我们在生活中可能遇到类似的情形，可能是别人不怀好意的侮辱，也可能是出于误解，甚至是平白无故的批评。如果我们不肯忍耐，非要计较个一清二白，那或许反而会把事情弄得更糟。

　　"忍一时风平浪静，退一步海阔天空。"这句流传甚广的话很多人都知道，但却不是每个人都能做到。

　　晋朝的朱冲家里比较穷，以耕田种地为生，但是他品行端正，为人豁达。有一次，邻居家里丢失了一头小牛，就到处去找，结果看到朱冲家里的小牛和自己丢失的小牛长得很像，就以为是自己的，把牛牵回家里去。朱冲也没有争辩。后来，邻居在一片树林里找到了自己丢失的小牛，这才知道原来牵回的牛是朱冲的，他非常惭愧，就主动把牛还给了朱冲。

村子里还有一户人家，平时爱逞强称霸，蛮横无理。有一次，他家的牛跑出来吃了朱冲田里的庄稼，朱冲发现后把牛牵还给那户人家，既不生气也不责骂，只是好言劝他把牛关好。但过了几天，那头牛又跑到朱冲的田里吃庄稼，朱冲又像上次一样把牛牵还给那户人家。之后又反反复复发生了好几次类似的情况，朱冲始终和和气气。结果这户人家被朱冲的大度给感化，深深地自责起来，以后再不在村里横行霸道了。

我们在生活中总免不了要碰上一些不愉快的事，如果一味地争吵，往往不但不能辩出个是非黑白来，反而会平添烦恼，甚至会气大伤身影响健康。最常见的就是那些在公共汽车上，因为拥挤而引起的摩擦和口角，不仅让当事人心情恶劣，同时也影响周围人的情绪。其实只要彼此都礼貌一些，容忍一些，退让一些，事情就不会变得那么让人烦恼了。

06　做人不可硬充好汉

有很多人不能忍一时之气，喜欢硬充好汉，结果撞得头破血流，连自己都不能保全，更别提打败对手了，所谓"直如弦，死道边；曲如钩，反封侯"。虽然听起来可悲，但细思之，正直固然可敬，但曲径通幽地以柔忍之术达到正义的目的，是不是更有作用？

西汉景帝时，窦婴担任大将军之职，是朝廷中的百官之首。做这样的高官，巴结他的人很多，窦婴也十分得意。

朝中大将灌夫为人耿直，是个典型的武夫，他不仅不去讨好自己的顶头上司，反在私下里说："人们都是势利眼，巴结那些有权势的人，这真是太无耻了，正人君子是不会这样的。"

窦婴后来知道此事，就向灌夫说："你不喜欢我，不和我结交就是了，为何还要挖苦我呢？"

灌夫也不回避，回答说："我心直口快，想说什么就说什么，我只想提醒你不要太骄傲，否则就乐极生悲了。"

窦婴没有责怪他，却好心对他说："你这个人有勇无谋，虽然刚直，但难当大事。如若碰上奸诈小人，吃亏的一定是你。我不和你计较，难道别人也会原谅你吗？你才应该小心才是。"灌夫对窦婴的话不以为然。

灌夫对上不巴结，对下却是恭敬尊重，不敢有一点儿怠慢。当别人都赞赏他这一点，夸他是个十足的正人君子时，有位朋友却表示了忧虑，对他说："在朝廷做官，就要符合官场上的规矩。现在是官大一级压死人，你顶撞上司，反而讨好下属，这哪里是晋升之道呢？你不识时务，反以为荣，早晚必惹大祸。"但灌夫对此仍是充耳不闻。

后来窦婴被免职，孝景皇后的弟弟田蚡当上了丞相。田蚡是个十足的小人，灌夫十分看不起他。

百官见窦婴失势，就开始巴结田蚡，灌夫却和窦婴来往密切。窦婴十分感动，说："我得势时，你从不和我交往，现在你不去趋炎附势，可见你为人的品德高尚。"

灌夫的朋友又给他泼了一盆冷水，说："你的言行不合官场之道，实属不智之举。作为下级，你疏远丞相，结交失势的人，这虽是君子行为，却也难为小人所容。表面文章还是要做的，你该有所反省了。"

田蚡骄横，对灌夫的耿直早有不满，他时刻想整治灌夫。

一次，在酒宴上灌夫和田蚡发生了冲突，田蚡借机将他关进大牢。窦婴为了救灌夫而四处奔走，也被田蚡诬陷。结果，灌夫和窦婴一起遇害。

窦婴对灌夫的评价其实是一语中的："有勇无谋，虽然刚直，却难当大事。"只可惜灌夫以直为荣以曲为耻，最后落得个遭小人陷害的凄惨下场。

唐高祖李渊起兵造反时，当时的晋阳县令刘文静积极响应，立下不少功劳，是开国的功臣之一。裴寂是刘文静的朋友，刘文静和他无话不谈，还多次向李渊夸奖裴寂的才能。

唐朝建立后，论功行赏，不想刘文静的官职远在裴寂之下。刘文静心中十分不满，于是常向别人发牢骚。有人劝刘文静说："你虽有才干，却缺少处世的谋略。你每次进谏都和皇上力争，自认有理便不谦让，就算你是对的，但谁不喜欢听顺耳的话呢？这样子不懂得委婉，皇上会喜欢你吗？而那裴寂却很会做人，他事事都恭顺皇上，讨皇上欢心，难怪他要位居你之上了。这是官场之道，你有什么可抱怨的呢？倒不如也学学裴寂的手段，逢迎一下皇上，官也升得快些。"

刘文静不服气，说："我为国尽忠，为民请命，怎会无故讨好皇上呢？

裴寂这样阿谀奉承，是个奸诈小人，我一定要除掉他。"

于是，刘文静在面见李渊时，都要指出裴寂的错失，他还动情地说："亲贤臣远小人，这样国运才能长久，皇上不可再受小人蒙蔽了。裴寂只会讨取皇上欢心，而不干实事，这哪里是忠臣所为呢？"

面对刘文静的攻击，裴寂完全采取了另一种应对方式，他表面上并不记恨刘文静，而且也从不直接说刘文静的坏话，只是装出一副委屈忍让的样子，好像是为了皇上考虑，说："刘文静功劳实在太大，他瞧不起我是应该的，我并不恨他。我只是担心，他如此居功自傲，恐怕连皇上都不敬畏了，这就是大患了。"

他说的正是李渊最忌讳的事，李渊马上对刘文静厌恶起来。刘文静更加苦恼，有人就劝他改变方法，不正面攻击裴寂，说："裴寂虽是小人，可他的阴谋手段不能小看。他能让皇上听信他的谗言而不相信你，你还敢轻视他吗？你要多用些智谋，讲究些方法，和他正面冲突是不可取的。"

一次刘文静和弟弟刘文起饮酒时，忍不住又破口大骂裴寂。一时性起，他竟拔出刀子，砍击屋中木柱。刘文静一位失宠的小妾把他的牢骚话告诉了自己的哥哥，她哥哥为了邀功领赏，竟向朝廷诬告他谋反。

裴寂受命审理此案，趁机劝说李渊杀了刘文静，以绝后患。于是，李渊也不听刘文静申辩，就下令将他处死了。

刘文静的死虽然冤枉，可是他不会做人，得罪了皇上，也是一大原因。至于他对裴寂的不满，究竟是因为看出了裴寂的卑劣，还是因为官阶的高低引起了不快；是因为他的心胸狭小，还是因为他刚正不阿，那就需要史学家去深入研究了。

总而言之，有许多人尽管在处理工作等事项上很有才干，但在做人处世上却很没有技巧。这就不免会处于劣势，不能翻身了。

07　取大节，宥小过

面对美女时，似乎很多人都容易犯些过错，如果就此揪住不放，认为此人道德败坏无可取之处，那也未必正确。其实如果能够把注意力放在他的大节上，或许会更好些。

公元前 606 年，楚庄王率领军队一举平定了斗越椒的反叛，天下太平。楚庄王兴高采烈地设宴招待大臣，庆祝征战胜利，并赏赐功臣。

文武百官都在邀请之列，只见席中觥筹交错，热闹异常。到了日落西山，大家似乎还没有尽兴。楚庄王便下令点上烛火，继续开怀畅饮，并让自己最宠幸的许姬来到酒席上，为在座的宾客斟酒助兴。文武官员都已经喝得差不多了，见到许姬的美貌，便忍不住多看几眼，有些人就动了心。

突然，外面一阵大风吹来，宴席上的烛火熄灭了。黑暗之中有人伸手扯住许姬的衣裙，抚摸她的手。许姬一时受到惊吓，慌乱之中，用力挣扎，不料正抓住那个人的帽缨。她奋力一拉，竟然扯断了。她手握那根帽缨，急急忙忙走到楚王身边，凑到大王耳边委屈地说："请大王为妾做主！我奉大王的旨意为下面的百官敬酒，可是不想竟有人对我无礼，乘着烛灭之际调戏我。"

楚庄王听后，沉默不语。许姬又急又羞，催促他："妾在慌乱之中抓断了他的帽缨，现在还在我手上，只要点上烛火，是谁干的自然一目了然！"说罢，便要掌灯者立即点灯。

楚庄王赶紧阻止，高声对下面的大臣说："今日喜庆之日难得一逢，寡人要与你们喝个痛快。现在大家统统折断帽缨，把官职帽放置一旁，毫无顾忌地畅饮吧。"

众大臣见大王难得有这样的好心情，都投其所好，纷纷照办。等一会儿点烛掌灯，大家都不顾自己做官的形象，拉开架势，尽情狂欢。后来人们都管这场宴会叫"绝缨会"。

许姬对庄王的举措迷惑不解，仍然觉得委屈，便问："我是您的人，遇到这种事情，您非但不管不问，反而还替侮辱我的人遮丑，您这不是让别人耻笑吗？以后怎么严肃上下之礼呢？妾心中不服！"

庄王笑着劝慰说："虽然这个人对你不敬，但那也是酒醉后出现的狂态，并不是恶意而为。再说我请他们来饮酒，邀来百人之欢喜，庆祝天下太平，又怎么能扫别人兴呢？按你说的，也许可以查出那个人是谁。但如果今日揭了他的短，日后他怎么立足呢？这样一来，我不就失去了一个得力助手吗？现在这样不是很好吗？你依然贞洁，宴会又取得了预期的目的，那人现在说不定也如释重负。"

许姬觉得庄王说得有理，考虑得也很周全，就没有再追究。

两年后，楚国讨伐郑国。主帅襄老手下有一位副将叫唐狡，毛遂自荐，愿意亲自率领百余人在前面开路。他骁勇善战，每战必胜，出师先捷，很快楚军就得以顺利进军。庄王听到这些好消息后，要嘉奖唐狡的战绩。唐狡站在庄王面前，腼腆地说："大王昔日饶我一命，我唯有以死相报，不敢讨赏！"

楚庄王疑惑地问："我何曾对你有不杀之恩？"

"您还记得'绝缨会'上牵许姬手的人吗？那个人就是我呀！"

以楚庄王的地位都会对臣子的不敬隐忍宽恕，这是因为他明白"金无足赤，人无完人"的道理。谁都有可能犯错，但只要无伤大雅，只要不是心怀恶意，那么能容则容能忍则忍，扬其优而隐其缺，倘若求全责备，则世上无人才可用了。

汉朝袁盎的事例与楚庄王不辱绝缨者之事相近。袁盎做吴王的相国时，手下有位从史和袁盎的侍妾私通。袁盎知道此事后并没有张扬，但从史还是知道了奸情败露，吓得仓皇逃走。

袁盎亲去追回从史，从史面色如土，以为自己要被重罚，谁知道袁盎把侍妾带到他身边，说："你既然喜欢她，她就是你的了。"

从此，他待从史还是和过去一样。后来从史离开他去别处为官。

景帝时，袁盎入朝当了太常。他出使吴国时，正好赶上吴王预谋反叛。吴王派了500人包围了袁盎的住处，要杀死袁盎。袁盎对自己的危机却一无所知，幸好围守袁盎的校尉司马买了二百石好酒，把500人灌醉，然后通知了袁盎。

袁盎十分惊异，问："您是谁？为什么要帮我？"

司马说："您不记得原来与您的小妾有私情的从史了吗？"

袁盎这才知道现在救了自己性命的，原来就是当年那个从史。

五代时梁朝的葛周、宋代的种世衡，都因为对此类事件的容忍宽大而得以战胜对手，讨伐叛逆。葛周曾和他宠爱的美妾一起喝酒，有个卫兵用眼睛盯着美妾看，连葛周问他话都答错了。过后他意识到自己的失态，怕葛周加罪于他，但葛周表现得若无其事。后来，葛周在和唐交战时失利，幸好这个卫兵奋勇破敌，打败了敌人。事后葛周把那个美妾送给这个卫兵为妻。

北宋初年，西北诸部落中，苏慕恩的势力最大，当时镇守边关的种世衡曾和他彻夜饮酒，还把一个侍妾叫出来陪酒。过了一会儿，种世衡起身到里面去，慕恩就趁机调戏侍妾。这时种世衡从里面出来，正巧撞见，慕恩感到十分惭愧，就向他请罪。种世衡说："你喜欢她吗？"于是把侍妾送给了苏慕恩。正因为如此，各个部落有叛乱，种世衡就让苏慕恩去平叛，每次都能成功。

所以说："取大节，宥小过，而士无不肯用命矣。""宥"是指宽恕，不懂柔忍之术的人是做不到"取大节，宥小过"的，事实上他们更容易对"小过"计较不放，这样自然会失去人心，不利于做人处世。

第十章

把握原则，灵活变通

——守与变的结合是做人做事取舍之道的最好体现

变通是做人的鼠标，想点哪儿就点在哪儿，只要别让箭头挡住了你的"目标文字"。原则是做事的键盘，你按一个字母它才会显示出来，很有秩序，不会更改，在执行某些命令时，只能是按照程序的命令。同电脑操作一样，生活中我们要遵循法律条款、规章制度、风俗习惯等等原则性的东西，又能按照自己的意愿和客观情况"点"出自己的精彩，这样我们就能确确实实地成为"电脑高手"。

01 改变自己僵化的思维

有些道理乍听起来光明正大、无懈可击，可如果你认死理，非抱着这些万分正确的教条不放，就只有碰壁的份儿。如果说一个人做人做事需要变通，首先需要改变的就是僵化的思维方式。

比如，在我们这个世界上，许许多多的人都认为公平合理是人际关系应有的准则。我们经常听人说："这不公平！"或者："因为我没有那样做，你也没有权利那样做。"我们整天要求公平合理，每当发现公平不存在时，心里便很气愤。按理说，要求公平并不是错误的行为，但是，假如因为不能获得公平，就产生一种消极的情绪，这个问题就要注意了。强求和对于公平过于敏感就会把一切归之于外因而放弃了自己的努力和责任，一个又一个的机遇就会与你无缘。

世界上没有绝对的公平，你寻找绝对公平就如同寻找传说中的仙人一样，是永远也找不到的。这个世界并不是根据公平的原则而创造的，譬如，鸟吃虫子，对虫子来说是不公平的；蜘蛛吃苍蝇，对苍蝇来说是不公平的；豹吃狼、狼吃狸、狸吃鼠、鼠又吃……只要看看大自然就可以明白，这个世界并没有"公平"。飓风、海啸、地震等等都是不公平的，公平是神话中的概念。人们每天都过着不公平的生活，快乐或不快乐，是与公平无关的。

这并不是人类的悲哀，而是一种真实情况。

我们在生活中受到公平思想的心理影响，当公平没有出现时，我们会感到生气，但是，过去不曾有过绝对的公平合理，今后也不会有。

文明社会一再呼吁公平，政客们在他们的竞选演说中多次运用这两个字。比如："我们对任何人都要一视同仁。"尽管如此，不公平的现象依然存在，在我们的社会里，贫穷、战争、犯罪、疾病等等不公平的现象不是到处都有吗？

不公平是常有的事，你可以运用自己的智慧与不公平进行挑战，从而避免使你陷入僵化，维护自己的尊严和人权。

要求公平和平等并不是自毁的行为，由于不公平的现象而引起的各种消极行为才是自毁的行为。

"要求公平"的行为在我们的生活中随处可见，无论是在自己或别人身上都可以找到。下面就是一些常见的例子：

总是希望别人对待你的方式应该同你对待别人的方式相同。

别人对你有些好处，你就想立刻回报他。如果朋友请你吃饭，你就欠了朋友的人情。这种情形一般被认为是懂得待人处世，其实，这表明你希望公平的对待。

总是等别人吻你，你才去吻别人；总是等别人说"我爱你"你才回答说"我也是爱你的"。你从来不主动向对方表露你的爱情，因为你认为，如果你先说出了爱意，那将是不公平的。

面对自己认识的人或与自己干同样工作的人产生埋怨心理，认为他们赚的钱比自己多，这太不公平了。

各方面条件与你相差不多的人得到提升或重用，你却守着原来的位子没有动，于是你认为这太不公平了，他们在很多方面还不如你呢！

你的邻居买了一辆新汽车，而你还在骑那辆 10 年前出厂的破自行车，你认为这世界太不公平。

如果别人送你贵重的礼物，你也以同样价值的礼物赠还，企图保持相互间的平衡。

对于事情总是坚持一致性，实际上，这是一种不知变通的反映。

如果你总是希望事事都按照"公平"的方式进行，那么，你的这种心理便是呆板僵化的表现。例如：在争论问题时，总是要求最后得出结果，不是赢的一方，便是输的一方。

通过对公平的争议，达到自己的目的。譬如："你昨天晚上出去了，而我却在家里看家，如果我今天晚上出去，而你不在家看家的话，那将是不公平的。"

以别人的行为为借口，认为"他可以做，我同样可以做"，模仿别人欺骗、偷窃、轻佻、撒谎、迟到等等行为。或者，在高速公路上，别人的车子开在你的前面挡住了你的去路，你觉得这不公平，于是故意超车挡住他的去路；晚上开车，对方没有开近灯，你也就开远灯，这类情形是因为你要求"公平"，但是你却忘记了这是非常危险的，这是一种十分幼稚的"你打我，我也打你"的心理在作怪，这种心理的扩张必然导致一场灾难。

"要求公平"的思想和行为的最常见的原因是：

与朋友交谈时，可以参照社会上的不公平的事作为话题，这不仅可以避免谈到自己，也可以消耗时间。

你认为只要自己有公平的意念，就一定能作出公平合理的决定。

借口"不平等"，把自己的行为的责任推托给别人，这就给所有不道德、不合法或不适当的行为找到了借口。

一旦不能圆满地完成一件事时，你可以为自己找到开脱的借口："他们都做不好，当然我也做不好。"以此自我安慰。

你可以放弃自己应尽的某些责任，借口把责任推托给那些对你来说不公平的人或事上，以便保持现状。在"他都做不到，我当然也做不到"的理由之下，你不必去冒险，也不必改变现状，这就使你处于僵化的环境。

不公平的事可以使你受注意、怜悯，使自己产生自怜。你自认为周围的人都该同情你，这就使你摆脱了对自己的责任。

在你受到人们尊敬时，会扬扬得意，你会把自己想象得比任何人都伟大，你认为这对你来说是公平的，因此，你会处处要求这种公平。

由于一切事情必须公平，那么报复行为便是对的，复仇、以牙还牙的行为便是为了公平。

除了上述原因引起的种种要求公平合理的心理选择之外，还有一种借口"不公平、不平等"而产生的心理疾病，人们称之为嫉妒。

你对一切都要求公平，这会使你失去许多与人交往的机会，也许你经常抱怨对方："这不公平！"然而这是一句很糟糕的话。既然你认为自己受到了不公平的对待，一定是把自己与别人相比较：认为别人能做的事你也能够做到，别人不该比你占优势。这样思考的结果，必然是用别人的情形来暗示自己，让别人支配自己的情绪，是别人造成了你的不悦。这便暗示着你把自己的控制权、支配权以及主权、人格统统交给了别人。

一位貌美年轻的少妇曾向人们诉说自己 5 年不快乐的婚姻生活。她的丈夫是物流公司的职员，因为一句话惹她生气，她便愤愤不平地说道："你怎么可以这样说，我可是从来没有向你说过这样的话。"当他们提到孩子时，这位少妇说："那不公平，我从不在吵架时谈到孩子。""你每天不在家，我却得和孩子在家看家。"她在婚姻生活中处处要公平，怪不得她的日子过得不愉快，整天都让公平与不公平的问题烦恼自己，却从不反省自己，或者设法改变这种不合实际的要求。如果她对此多加思虑的话，相信她的婚姻生活会大大改观的。

还有一位夫人，她的丈夫有了外遇，使她感到万分悲痛，并且弄不明白为什么会这样？她反复地问自己："我到底做错了什么？我有哪一点儿配不上他？"她认为丈夫对她不忠实在是太不公平。终于，她也模仿自己的丈夫有了外遇，并且认为这种报复手段可谓公平，但是，同愿望恰恰相反，她的精神痛苦并没有减轻。

要求公平是把注意力集中在外界，是不肯对自己的生活负责的态度。采取这个态度会阻碍你的选择。你应该决定自己的选择，不要顾虑别人。由于社会中的每一个人的具体情况不同，抱怨是错误的，你不如积极地纠正自己的观点，把注意力由外界转向自身，舍去"他能那么做，我为什么不能跟他一样"的愚蠢想法，这才是你创造成功人生的明智之举。

我们知道了需要公平的心理，便可以寻找一些实用的方法，消除这种无效的错误心理：

避免和别人做无谓的比较，使你的目标与其他人有所区别，不要顾虑别人做过或者没有做过。

不要把任何决定看得过分关键，要将其看成是循序渐进的。

用"这真不幸"或"我宁可……"取代"这不公平"！这会使你改变对世界许多事情的想法。要接受现实，但不必证实现实。当你感到自己希望别人能像你对待他人那样对待你时，就要注意了，不要用这种要求公平的方式阻碍你与人们之间的思想沟通。

不要让别人来支配或控制你的生活或影响你的情绪，特别是在别人的所作所为并不合你的意愿的时候，这样做可以使你避免悲伤。

不必怀有欠情或报恩的想法以求平衡，只要在你愿意的时候，随时都可以送给某人酒或其他礼物，上面附上一张纸条："只因为我认为你是个了不起的人。"

不要为了责任或公平同情别人，凭着自己的心愿送给某人礼物，不要考虑自己收到的礼物有多贵重，是否与送给对方的相等值。由自己的意愿决定一切，不必考虑外界的影响。

记住，报复是受制于人的另一种方式，会导致你和他人的共同不幸。无论如何不要使用报复的方法，只要做你应该做的事情就行了。

把你日常生活中认为不公平的事情联系起来，思考一下，如果你为某事不公平而难过的话，这种不公平能否转变为公平呢？你能否果断地向要求公平的心理挑战呢？

一个善于变通的人，能够正确地对待自身与他人的区别，他既不会自暴自弃，盲目崇拜英雄或偶像，把任何人都想得比自己优越；也不会自负自傲，无谓地贬低他人。他不会因别人的权力、财富、地位而抱怨不平，他愿意以自己的实力应对对手，而不愿因对手的缺陷使自己轻易地获胜。他不会计较在每件事情上是不是都公平，他只愿意自己内心的快活与充实。这才是心理健康的人。

02 识时务者为俊杰

"识时务者为俊杰"这句至理名言，历来被认为有逃避现实的嫌疑，其实不然。小到个人的自我设计，大到国家的大政方针，随着内部条件和外部环境的变化，难免要做出调整、改变，甚至于不得不放弃。

美国有一个 28 岁的年轻人叫霍华斯，他在美国纽约的一个偏僻的小镇开了一家引人注目的商店，招牌上写着："5 美分之家。"店内陈列着琳琅满目的日用小商品，从廉价的帽子、袜子、鞋子，到皮带、纽扣、针线，凡是大百货公司不经销而居民又十分需要的小商品，应有尽有。这些小商品一律售价 5 美分。"5 美分之家"开张以后，门庭若市，很快就卖光了所有商品。不到两年，霍华斯用赚的钱又建立了 5 家商店，这 5 家"5 美分之家"又先后获得成功。10 年之后，开设了 25 家商店，年营业额突破百万美元大关。

霍华斯的成功，在于他善于分析和体会人们的消费心理，掌握市场行情。霍华斯年轻的时候，曾在一家衣料商店当学徒。在实践中他体会到，人们对廉价出售的商品感兴趣；此外，一位数字的价码比两位数字以上的价码更能吸引顾客。为此，他办了"5 美分之家"，取得了成功。

美国还有一个企业家，名为罗拔士。他生产经营的"椰菜娃娃"玩具，销路很好，差不多遍布了全世界。罗拔士成功的原因也是十分关注市场动向和需求变化。随着现代化的进程，美国社会的人际关系，危机不断；家庭关系，浊流汹涌。过高的离婚率，给儿童造成心灵创伤，父母本身也失去感情的寄托。因此，儿童玩具逐渐从"电子型"、"益智型"向"温情型"转化。发现这一发展态势之后，罗拔士设计了别具一格的"椰菜娃娃"玩具。"椰菜娃娃"意谓"椰菜地里的孩子"，千人千面，有不同的发型、发色、容貌、服装、饰物，正好填补了人们感情的空白，销售额大增。仅1984年圣诞节前的几天内，就销售了250万个"椰菜娃娃"，金额达4600万美元。1984年一年，他的公司销售额超过10亿美元。

聪明的竞争者，会时时刻刻密切注视时势的现状和变化态势，掌握时代的脉搏，发现客观的需要，寻找得胜的时机，将自己的行为建立在扎实可靠的客观基础上，做出相应的调整改变，甚至放弃，使自己立于不败之地。

03 不懂规矩，寸步难行

法律规则、规章制度等成文的正式规矩是占有主导地位的人们制定的，因而势必也就反映了他们的利益。虽然，任何规矩，都不会让每个人都感到满意，但你要在某种规矩所约束的范围内行事，你就必须遵守那里的规矩。老话说，没有规矩，不成方圆。否则，你就进入不了那个范围内的主流社会。

例如，各种体育项目，其规则都与这种项目起源于哪个民族的身体特征有关。现代足球起源于欧洲，因此，对亚洲人来说，足球场的场地太大，比赛时间太长，竞争太激烈。而对身材高大的西方人来说，乒乓球的桌子又太矮太小了。但在奥运会和其他国际比赛中，不论是什么球，也不论它是适合于东方人还是适合于西方人，都只能制定和遵守一个统一的规则。

再如，世界各国的语言文字都不一样。但是，不论你的母语是什么，也不论你是什么人，你要用英语，就必须按英语的规矩使用英语；同样，你要用汉语，就得按汉语的规矩使用汉字。

同样，你还可以用自己的方法研究数学、物理、化学，可以不使用那些稀奇古怪的语言和符号，也可以取得成果，甚至是惊人的成果，就像古人和今日的某些土专家一样。但如果没有人给你当"翻译"，把你的那套语言译成规范语言，你也进不了科技界的主流。

各种各样的活动都是如此，所以，如果你想加入某个行业的主流，你也就必须遵守这个行业的规则。如果你想加入世界主流，首先得遵守国际通行的规则。这是大家必须遵守的起跑线，我们只能用同一规则来要求自己。

一位中国学者第一次到美国图书馆去查阅资料，发现了一个有趣的现象，那就是书架上写着："阅读完毕千万不要把书放回原处。"开始他以为是管理员粗心，多写了一个"不"字，后来发现每一排书架上都用大字写着这样的警示牌，才知道是这里的规矩与中国不同。

学者喜欢思考，对感到奇怪或有趣的事情便会不知不觉地思考起来。

这位中国学者说，从他在中国去过的不少图书馆的阅读习惯和管理制度看，读者看完书后把它放回原处应当是十分合理的，举手之劳，图书管理人员也省去很多麻烦，岂不两全其美？美国的读者随便到书架上拿书，读完后放在书桌上，由管理员来整理上架，岂不是太辛苦管理员了！这是为什么呢？通过一番斟酌，他想到了这样一些原因：

其一，美国图书馆思维和习惯与我们完全是相反的，读者是服务对象，"把书放回原处"不是读者的责任。

其二，读者对图书排列规律不十分清楚，即使很小心，也有可能把图书放错，带来不必要的麻烦。

其三，读者干了管理人员应该干的工作，会造成管理人员的懈怠，形成懒散习惯。他认为，第三条恐怕是最主要的。通过观察，他发现在美国图书馆从来都见不到有一个工作人员在闲聊、看书，每一个人都在不停地工作，或整理新上架的书，或帮助新读者找书，或用电脑整理资料。

后来，他在美国待的时间长了，发现不仅图书馆的人如此，其他地方的人也是这样。公共汽车司机同时也是售票员和监票员，还是社会秩序的自然维护者。大街上从邮箱里取信的邮递员同时也是邮政车的司机。每一个人都在高效率地办事情。有了这些背景，他认为他终于理解了"阅读完毕千万不要把书放回原处"的规矩。

入乡问俗，各地有各地的规矩。这些规矩不但让人们办事有章可循，而且也培养了不同素质的人。看来，我们不但要多立一些规矩，进一步学会讲规矩，而且对自己现有的规矩要多多斟酌，看看它们哪些是有利于办事育人的，哪些是不利于做事有成的。

第十一章

以和为贵，追求共赢

——好人缘为做人做事提供坚实的后盾

一个生活高手，首先是一个做人高手。他绝对不会让自己树敌太多。团结一切可以团结的力量，追求与他人最大限度的合作，达到共赢是他们的所求。在这种求和共赢的心态下，他们的生存环境到处都充满希望和活力。

01 站在对方的立场

一个不会站在对方的立场考虑问题的人，永远都不知道别人需要什么。所以，大多数情况下，他们所做的努力都不会给自己带来太大的益处，有时反而适得其反。许多生存条件优越的人、人缘较好的人通常都善于站在别人的立场上去考虑问题。因此，他们利用这一点既可以制约别人，也可以帮助别人。这种思考方法让他们在人缘的维护问题上做到了恰到好处。

某个犯人被单独监禁。有关当局已经拿走了他的鞋带和腰带，他们不想让他伤害自己。这个不幸的人用左手提着裤子，在单人牢房里无精打采地走来走去。他提着裤子，不仅是因为他失去了腰带，还因为他失去了15磅的体重。从铁门下面塞进来的食物是些残羹剩饭，他拒绝吃。但是现在，当他用手摸着自己的肋骨的时候，他嗅到了一种万宝路香烟的香味。他喜欢万宝路这个牌子。

通过门上一个很小的窗口，他看到门廊里那个孤独的卫兵深深地吸一口烟，然后美滋滋地吐出来。这个囚犯很想要一支香烟，所以，他用他的右手指关节客气地敲了敲门。

卫兵慢慢地走过来，傲慢地哼道："想要什么？"

囚犯回答说："对不起，请给我一支烟……就是你抽的那种：万宝路。"卫兵嘲弄地哼了一声，就转身走开了。

这个囚犯却不这么看待自己的处境。他认为自己有选择权，他愿意冒险检验一下他的判断，所以他又用右手指关节敲了敲门。这一次，他的态度是威严的。

那个卫兵吐出一口烟雾，恼怒地扭过头，问道："你又想要什么？"

囚犯回答道："对不起，请你在 30 秒之内把你的烟给我一支。否则，我就用头撞这混凝土墙，直到弄得自己血肉模糊，失去知觉为止。如果监狱当局把我从地板上弄起来，让我醒过来，我就说这是你干的。当然，他们绝不会相信我。但是，想一想你必须出席每一次听证会，你必须向每一个听证委员证明你自己是无辜的；想一想你必须填写一式三份的报告；想一想你将卷入的事件吧——所有这些都只是因为你拒绝给我一支劣质的万宝路！就一支烟，我保证不再给你添麻烦了。"

卫兵从小窗里塞给他一支烟了吗？当然给了。他替囚犯点上烟了吗？当然点上了。为什么呢？因为这个卫兵马上明白了事情的得失利弊。

这个囚犯看穿了士兵的立场和禁忌，或者叫弱点，因此达成了自己的要求——获得一支香烟。松下幸之助先生就是从这个故事里联想到自己：如果我站在对方的立场看问题，不就可以知道他们在想什么、想得到什么、不想失去什么了吗？

他凭借这条哲学，使得与合作伙伴之间的谈判突飞猛进，人人都愿意与他合作，也愿意做他的朋友。

松下电器公司，能在一个小学没读完的农村少年手上，迅速成长为世界著名的大公司，就与这条人生哲学有很大关系。站在对方的立场考虑问题，你会发现，对方的所思所想、所喜所忌，都进入你视线中。在各种交往中，你就可以从容应对，要么伸出理解的援手，要么防范对方的恶招。

站在对方的立场上想问题，就如你在战场上知道了敌军的动向一样，让你每一步都胜券在握。

02 互惠互利的观念

互惠互利，就是使合作者之间都能够得到优惠和利益，使合作的结果皆大欢喜。这是双赢思维的典型体现。但是，要做到互惠互利不仅仅是一方的事情，它要求合作的任何一方都要有双赢的品格、过人的见地以及积极主动的精神。而且应以安全感、人生方向、智慧和力量作为基础。这对于良好生存境界的抵达具有积极意义。

品格是利人利己观念的基础，以下三项品格特质尤其重要：

真诚正直：人若不能对自己诚实，就无法了解内心真正的需要，也无从得知如何才能利己。同理，对人没有诚信，就谈不上利人。因此，缺乏诚信作为基石，"利人利己"便成了骗人的口号。

成熟：也就是勇气与体谅之心兼备而不偏废。有勇气表达自己的感情与信念，又能体谅他人的感受与想法；有勇气追求利润，也顾及他人的利益，这才是成熟的表现。许多招考、晋升与训练员工使用的心理测验，目的都在测试个人的成熟程度。

只可惜常人多以为魄力与慈悲无法并存，体谅别人就一定是弱者。事实上，人格成熟者严于律己，宽以待人。在需要表现实力时，绝不落于损人利己者之后，这是因为他不失悲天悯人、与人为善的胸襟。

徒有勇气却缺少体谅的人，即使有足够的力量坚持己见，却无视他人的存在，难免会借助自己的地位、权势、资历或关系网，为私利而害人。但过分为他人着想而缺乏勇气维护立场，以致牺牲了自己的目标与理想也不足为训。

勇气和体谅之心是双赢思维不可或缺的因素。两者间的平衡才是真正成熟的标志。有了这种平衡，我们就能设身处地为对方着想，同时又能勇敢地维护自己的立场。

富足心态：一般人都会担心有所匮乏，认为世界如同一块大饼，并非人人得而食之。假如别人多抢走一块，自己就会吃亏，人生仿佛一场游戏。难怪俗语说："共患难易，共富贵难。"见不得别人好，甚至对至亲好友的成就也会眼红，这都是"乏匮心态"作祟。抱持这种心态的人，甚至希望与自己有利害关系的人小灾小难不断，疲于应付，无法安心竞争。他们时时不忘与人比较，认定别人的成功等于自身的失败。纵使表面上虚情假意地赞许，内心却妒恨不已，唯独占有能够使他们肯定自己。他们又希望四周环境中都是唯命是从的人，不同的意见则被视为叛逆、异端。

相形之下，富足的心态源自厚实的个人价值观与安全感。由于相信世间有足够的资源，人人得以分享，所以不怕与人共名声、共财势。从而开启无限的可能性，充分发挥创造力，并提供宽广的选择空间。

共同的成功并非压倒别人，而是追求对各方都有利的结果。经过互相合作，互相交流，使单独一个人难以完成的事得以实现。这便是富足心态的自然结果。

要想潜移默化扭转损人利己者的观念，最有效的方式莫过于让他们和利人利己者交往。此外，还可阅读发人深省的文学作品与伟人传记，或观看励志电影。当然，正本清源之道还是要向自己的生命深处探寻。

建立在利人利己观念上的人际关系，有厚实的感情账户为基础，彼此互信互赖。于是个人的聪明才智可投注于解决问题，而非浪费在猜忌设防上。这种人际关系不否认问题的存在或严重性，也不强求泯灭各方分歧，只强调以信任、合作的态度面对问题。

然而合理的关系若不可得，与你交手的人偏偏坚持双方不可能都是赢家的想法，那该怎么办？这的确是一大挑战。在任何情况下，利人利己都不是易事，更何况和自私自利的人打交道，但是问题与分歧依然要解决。这时候，制胜的关键在于扩大个人影响圈：以礼相待，真诚尊敬与欣赏对方的人格、观点，投入更长的时间进行沟通，多听而且认真地听，并且勇于说出自己的意见。以实际行动与态度让对方相信，你由衷希望双方都是赢家。

这是人际关系的最大挑战，追求的已不止于完成谈判或交易，更要发挥感化的力量，使对手以及彼此的关系都能脱胎换骨。纵然少数人实在不容易说服，我们还可选择妥协——有时为了维持难得的情谊，不妨有所变通。当然，好聚好散也是另一种选择。

我们要有互惠互利的观念。在与他人交锋时，不妨权衡一下彼此间的让步空间，在利人利己的前提下进行合作，这是人际关系做到极致的体现。未来的社会这种共赢的结局将是人与人交流所要寻求的最完美的结局，它有利于每个人的生存质量的提高，所以，我们应该具备这种互惠互利的观念，为自己创设一个良好的生存空间。

03　保证双赢的结局

要想最终达成双赢的结局，得到彼此都满意的结果，必须在合作过程中就大局达成共识。

凭借这种共识，从属关系才可转换为合作关系，上对下的监督则转变为自我监督，双方才有可能共谋福利。

这类协议涵盖的范围相当广泛，例如雇主对员工、个人对个人、团体对团体、企业对供应商。这五项要素列举如下：

（1）彼此预期的结果，包括目标与时限，但方法不计。

（2）达成目标的原则、方针或行为限度。

（3）可资利用的人力、物力、技术或组织资源。

（4）评定成绩的标准与考评期限。

（5）针对考评结果定赏罚。

明确目标与树立评估标准后，双方才能有所遵循。传统权威式管理是基于"彼之得即我之失"的信念，透支了感情账户。

　　至于信任式的管理，基本原则在于放手让别人去做。既然有协议为约束，管理者只需扮演协助与考核的角色即可。

　　由自己评判得失，更能激发自尊。何况在高度互信的环境中，这种方式获得的测量成果准确度甚高。因为当事人对自己的工作成效最清楚不过，间接观察或测量，总难免失真。

　　双赢的管理原则必须有合理的制度加以配合，否则理想与实际相抵触，要达到预期成果，无异于缘木求鱼。举例来说，个人或企业使命宣言列举的目标与价值，应有恰当的奖惩制度作为后盾。

　　斯蒂芬·柯维参加一家房地产集团的年度表彰大会。现场气氛热闹异常，公司还聘请乐队来助阵。当时有 40 人分别接受"业绩最高"、"佣金最多"等等奖项，可谓风光一时。但其余 700 多名与会的业务人员，内心感受如人饮水，冷暖自知。

　　他的顾问小组正好受聘于该公司，眼见这种做法产生不良副作用，他们立刻着手教育员工及整顿公司组织，树立利人利己的观念。全体员工不分阶级，共同拟定激励士气的奖惩制度，并自订个别的绩效目标，以鼓励互助合作，人尽其才。

　　第二年，成效卓著。在表彰大会上，与会的 1000 余人中有 800 人受奖，多半是由于达成自订的目标或团体达成部门目标而受奖，并不一定是因为把别人比了下去。会场上虽没有乐队、啦啦队助阵，但气氛依然热烈。更重要的是，绝大多数受奖人的平均业绩与为公司赚得的利润都是上一年的 40 倍。

　　竞争在商场上尤其必要，各年度的业绩也应互做比较，甚至不相关的个人或机构间，都可以相互竞争。但众志成城对企业生存而言，重要性绝不亚于竞争。为激励士气，包括训练、企划、预算、资讯、沟通及薪酬等所有制度，都应鼓励合作。有一家连锁店的老板，为了售货员过于消极、对顾客不闻不问的态度而深感苦恼，于是请斯蒂芬·柯维设计课程来改善员工的服务态度。经实地调查，他发现该公司员工的确有这种弊病，可是原因何在呢？这位老板说："我要求主管以身作则，把2/3的时间用于促销，其余1/3用于管理，结果他们的业绩确实不输给手下的售货员。"

原来真正的症结在此，这位老板心知肚明，只是不肯承认。斯蒂芬·柯维费了不少唇舌，终于使他了解，经理不应与店员争利，薪酬制度也应调整。经理的奖金须以售货员的业绩为准，而不是自相残杀。

许多情况下，问题导源于错误的制度，而不是人。恶劣的制度甚至会使好人也受到感染。在企业中，主管可以改变制度，使属下成为向心力强、生产力高的团队，足以与其他企业竞争。在学校里，老师可根据每个学生的努力与表现来评分，并鼓励学生相互提携。在家庭中，父母不要鼓励子女互比高下，应当培养全家人一条心。

另外达成利人利己的流程也是一个重要环节。哈佛大学法学教授费希尔与尤里，在《谈判要诀》一书中曾谈及，以原则为重心比坚持立场更能制胜。他们虽然未用"双赢"的字眼，但倡导的精神与本书不谋而合。

他们主张，以原则为重心的谈判对事不对人，着重双方的利益而非立场。目标虽在寻求彼此互利的解决途径，但不违背双方认同的一些原则或标准。

你不妨试着以下面四个步骤进行谈判：

（1）从对方的观点看问题，诚心诚意地了解他人的需要与顾虑，甚至比对方了解得更透彻。

（2）认清关键问题与彼此的顾虑（而非立场）。

（3）寻求彼此都能接受的结果。

（4）商讨达成上述结果的各种可能途径。

在此，还要特别指出的是双赢流程与双赢结果之间密切关联的性质。要取得双赢结果只能靠双赢流程——目的与手段应是一致的。双赢不是一种个人技巧，而完全是一种人际交往的模式。它是高度互信的结果，体现在能有效阐明期望并实现结果的协议之中。它在支持性的制度里才有活力，并经由有关流程才能实现。

 ## 04 灵活运用沟通技巧

沟通的技巧与其他的技巧一样，既有规律，也有变性。对于不同的人要用不同的方式去沟通，对于不同的事要用不同的方法去解决，这样才能实现沟通的目的。假如你用与成人的沟通方式去与孩子沟通，那么你的沟通无疑是失败的。因为，不同的人有不同的心理特征，这就决定了与不同的人沟通，要用不同的沟通技巧。

一位女士在圣诞节期间，带着她5岁的儿子在一家大百货公司购物。她认为，当儿子看到这家百货公司的装饰、橱窗展览以及圣诞玩具之后，一定会十分高兴。她拉着儿子的手，走得很快，使得儿子那双小腿几乎跟不上。儿子开始大哭大闹，紧紧抓住母亲的外衣。"老天爷，你到底怎么了？"她很不耐烦地训斥儿子："我带你来，是要你分享一下圣诞节的气氛。圣诞老人不会把玩具送给那些又哭又闹的孩子。"

儿子还是吵闹不休，她则忙着抢购圣诞节前最后一分钟大抛售的物品。"如果你不马上停止吵闹，我以后永远不再带你出来买东西了。"她警告他。"哦！对了，是不是因为你的鞋带松了，被鞋带绊住了？"她一边说，一边就在台阶上蹲下来，替她的儿子绑鞋带。

就在她蹲下来的时候，她凑巧抬头看了一看。这是她第一次透过5岁儿子的眼睛来看一家大百货公司。从那个角度望上去，看不到美丽的商品、珠宝饰物、礼物、装饰美丽的柜台，或是玩具，所能看到的全是迷宫似的走道，到处都是烟囱似的长腿和背影。这些大山似的陌生人，一双脚犹如溜冰板，他们推来推去，又抢又夺，又奔又跑。这种情形不仅不好玩，简直可怕极了！她立即决定把她的小孩子带回家，并对自己发誓说，绝对不再把她的想法强行加在他身上。

在他们走出百货公司途中，这位母亲注意到，圣诞老人坐在一个装饰得像北极风景的亭子里。她想，如果能让她的小孩子亲自与圣诞老人见面，将会使他忘掉方才那可怕的一幕，而让他记得采购圣诞物品是一次愉快的活动。

"去和其他的小孩子一样，等一等坐到圣诞老人的膝上。"

她这样哄着他："告诉他，你希望得到什么圣诞礼物。你在讲话时要面带笑容，这样，我才能替你拍照，并把照片镶入我们家的相册中。"

虽然他们已经见到一位圣诞老人站在百货公司大门口外面摇着铃，另外还有一个圣诞老人在购物中心内，但这位母亲还是把她的小儿子推向前，要他和这个圣诞老人做一番愉快的交谈。这个怪模怪样的男子戴着假胡须和眼镜，身穿红色外衣，红衣里还塞了一个枕头，他把这个小男孩抱在膝上，哈哈大笑，然后用手指轻触小男孩的肋骨，向他搔痒。

"你想要什么圣诞礼物呢？孩子。"圣诞老人很和蔼地问道。

"我想要一块巧克力。"小男孩轻声回答说。

对小男孩来说，这个圣诞老人只是个陌生人。他在前面已经看到了两个圣诞老人，但他的母亲却要他坐上这个"真正的"圣诞老人的膝盖上。对一个5岁的小男孩来说，在一间挤满了匆忙的成年人的百货公司里，进行最后5分钟的大抢购，绝对不是一件好玩的事。这位母亲由于曾经蹲下来替儿子绑鞋带，并且目睹了他在面对一个陌生的圣诞老人时所表现得不安，使她得到了很难得的与儿子沟通的经验。

这位母亲所亲历的事情也许可以对我们的沟通技巧的运用有所启迪。人与人之间需要沟通，而沟通的前提必须是平等的。心理上的平等可以促使沟通的顺利进行。任何俯视或仰视形式的沟通都无法使沟通达到你想要的结果。所以，沟通时你应该体谅对方的心理、受教育程度、种族观念等精神因素，在尊重对方的前提下进行沟通。

第十二章

慧眼识人，分清善恶
——认清周围的人表象背后真实的一面

人始终都是一个矛盾的综合体。人们喜怒哀乐，悲欢嬉笑，远非自身所表现出来的那么简单。所以，人的欢笑并不一定代表高兴，流泪并不一定代表伤心，鞠躬并不一定代表感谢，拍手并不一定代表赞赏……但这些至少传达了一些信息，只要你认真分析，总会学到一些识人的本领。而这种本领是你做人做事的必备武器。

01 避免先入为主的思想导向

识人，第一印象很重要。所以，人们经常会在外部特征上下功夫，尤其是在比较正式的场合中，更加注意修饰自己的外形，注意自己的言行举止。所以，有些人在初识时，你会觉得他彬彬有礼、文雅含蓄、气质脱俗，相处时间久了也许你会发现他所表现出来的种种行迹并非你最初所识的样子，甚至会觉得他前后判若两人。所以，识人，第一印象很重要，但第一印象并不代表最真实、最本质的那一面完全呈现出来。我们观察其他事物要防止被假象迷惑，识人同样要做到这一点，避免先入为主的思想导向害了我们。

为避免第一印象的错误我们应该注意不要把锋芒外露、耍小聪明的人当作奇才。从中国传统修养来看，锋芒外露的人内涵甚浅，并不是真才实学的人。其优点是，刚一接触，觉得这个人很有见识，气量也不小。如此轻信，错误不可避免。社会发展到今天，人才不主动宣扬自己的才能，如酒香不怕巷子深一样地等待明主，那是现代的迂腐。掌握好宣传自己与蓄势待发的分寸，是能力和经验的体现。

不要把大智若愚、思想深刻、沉默寡言的人视为空虚无能。生活的法则给青年人一个教训：能力不是用嘴说出来的，而是用手和头脑做出来的。非常遗憾的是，现在的学校教育不能给学生较为全面的为人处世技巧方面的教育。读了十几年书，初到社会上来，处处碰壁、伤痕累累之后，才反思自己的过失，待成长后，又晃过了几年。这几年本该是很宝贵的时间！

不要把人云亦云的陈词滥调，误以为是精妙的理论。几千年文明沉淀下来的义理，随口道出，也当然精湛，需要区分的是自己深刻领会，还是鹦鹉学舌。

不要把喜欢搬弄是非、评头论足的人，当作能品评人物的人。来说是非者，必是是非人。他如此对待别人，也会如此待我。因此，对这类人不要一见面就下结论。如果他所评论的你已了解，那对这个人容易辨别。如果不了解，就不要轻易相信讲话人，应从其他方面进一步考察。

喜欢比较各种名人的短长，排他们的座次，这类人才并不一定是学有所长的人。一个真正的人才，多半不会把许多时间和精力花费在品评他人身上，因为关心自己的工作还来不及。就算他把关心名人当作自己的研究课题，如果不能从中总结出人类共同性的东西，与一般常人也无区别，这样的人见识平凡，算不得本事。

不要把喜欢谈论政治的人当作国体之才。国体之才自然关心国家大事，但与喜欢谈论是两码事。喜欢谈论，却看不到问题的本质，预测不了事态的方向，找不出有力的措施，纯粹是关心，装了一脑袋时局知识，而不实用。既关心，也能看到本质、预测未来、想出办法的人，才会有主政之能。一般人也有关心政治的愿望，但他们得到的消息是否全面准确，本是一个问题，那么之后的问题就更成问题了。因此只凭谈论政事来识别人才，实在不可靠。

识人难，但也有规律可循，重要的是我们应该学会客观而辩证地看待一个人。仅凭第一印象就给他人下结论显然有失公允，也不是一种正确的识人方式。如果你犯了这样的错误，你就很可能错失一位助你发展得更好的人。因为，有些有真实才能的人往往不注意修饰自己的外形，你初次见他时，很可能将他排除出你的视野。

02 静观以察真

精明的人善于分散他人心志，再加以打击。因为人的心志一旦分散，便很容易受挫，那些图谋不轨者善于隐藏其真实意图，本意是要独占鳌头，却常常甘愿暂居第二。他们下手害人的最佳时机不外是人人都看不见他们张弓搭箭的时候。所以，对于他人的阴谋诡计，一定要小心识破。要提防他们翩翩来去，伺机夺取其猎物。他们为了阴谋能最终得逞，往往要声东击西，往来周旋。他们如果做出表面上的让步，你切不可轻信松懈。有时，最好的办法是让他们明白，你早已识破他们的花招。

张扬的敌手未必险恶，难对付的是外表柔弱的奸邪之徒，因为他容易让我们因疏忽而遭暗算。虽然柔弱之人未必心照，但对他们更应多多防范。

谨慎最能防备欺诈。若对方心思精细，你就更应小心。有人善于将他的事变为你的事。你若看不透他们的意图，就会被人利用。

辨别真相需退隐静观，因而智者与谨慎者从不急于下判断。

东晋大将军王敦去世后，他的兄长王含一时感到没了依靠，便想去投奔王舒。王含的儿子王应在一边劝说他父亲去投奔王彬，王含训斥道："大将军生前与王彬有什么交往？你小子以为到他那儿有什么好处？"王应不服气地答道："这正是孩儿劝父亲投奔他的原因，江川王彬是在强手如林时打出一块天地的，他能不趋炎附势，这就不是一般人的见识所能做到的。现在看到我们衰亡下去，一定会产生慈悲怜悯之心；而荆州的王舒一向保守，他怎么会破格开恩收容我们呢？"王含不听，于是径直去投靠王舒，王舒果然将王含父子沉没于江中。而王彬当初听说王应及其父要来，悄悄地准备好了船只在江边等候，但没有等到，后来听说王含父子投靠王舒后惨遭厄运，深深地感到遗憾。

好欺侮弱者的人，必然会依附于强者；能抑制强者的人，必然会扶助弱者，作为背叛王敦父辈的王应，本来算不上是个好侄儿，但他的一番话说明他是深谙世情的，在这点上，他要比"老妇人"强得多（王敦每每称呼他兄长王含为"老妇人"）。

柔被弱者利用，可以博得人同情，很可能能救弱者于危难之中。弱者之柔很少有害，往往是弱者寻找保护的一个护身符，柔若被正者利用，则正者更正，为天下所敬佩。正者之柔，往往是为人宽怀，不露锋芒，忍人所不能忍。

柔还有可能被奸、邪者所利用，这就很可能是天下之大不幸。他们往往欺下罔上，无恶不作；在强者面前奴颜婢膝，阿谀奉承，在弱者面前却盛气凌人，横行霸道，他们以柔来掩盖真实的丑恶嘴脸，让人看不到他的阴险毒辣，然后趁你不注意狠狠地戳你一刀。这才是最可怕的。宦官石显虽不能位列三卿，但也充分利用皇帝对他的宠信而日益骄奢淫逸，滥施淫威。在皇帝面前他却显出一副柔弱受气的小媳妇神态，不露一点儿锋芒，以博得皇帝的同情和信赖，借此却又更加胡作非为。严嵩是一代奸相，可谓赫赫有名，他在皇帝面前往往是以忠臣的面孔出现的，总是显得比谁都忠于皇上忠于朝廷；而在皇帝背后却欺凌百姓，玩弄权术，恶名昭著。正是这种人才善于用手腕，以他的所谓柔来战胜他的敌人，达到他不可告人的目的。他们往往长于不动声色，老谋深算，满肚子鬼胎，敌手往往来不及防备便遭暗算。

日常生活中有的人总是毕恭毕敬的模样，一般而言，这样的人与人交际应对，大都低声下气，并且始终运用赞美的语气。因此，初识之际，对方往往感觉不好意思。但是，交往日久，就会察觉这种人随时阿谀的态度，而致厌恶。

观察了解这种类型的人的幼年期，多数受到双亲严厉且不当的管教，以致心理扭曲。总是怀抱不安与罪恶感，心中有所欲求时，就受到内在自我的苛责。久而久之，这些积压的情绪经过自律转化，就现形于表面。这样的表象，是他们所自知的，却是难以修正的，因为借着毕恭毕敬的态度，他们才能平衡内在的不安与罪恶感，并且压抑益深，态度益甚。也就是说，他们外表的恭敬，并非内在的反映。

这种人常常过分使用不自然的敬语，常是敌意、轻视、具有警戒心的表示。因为常识告诉我们，双方关系好时是用不着过多恭敬语的。比如：贵府的千金真可爱！你丈夫又那么健康，实在令人羡慕……这类口头的礼貌，并不表示对你的尊敬，而是表示一种戒心、敌意或不信任。

公允地说，毕恭毕敬的柔弱者，大多并非是什么恶人邪徒。之所以强调对他们的防范，是因为在他们柔弱的表象给我们带来安全感之时，混迹其中的黑心者很容易偷袭得手。

由此可见，当我们与外表平柔之人打交道时，应该力戒松懈，小心测度他内心的意图，而绝不能掉以轻心，对外表毕恭毕敬的人更应如此。这样才不至于落入他人的陷阱。

03　知彼才有胜算

人际关系可以说是一种"长期的测验"。即使你无意测验别人，但是一个人的一举一动，你都会看在眼里，这些举动的累积，很自然地会成为你对别人的评价。所以你可以留意别人的一举一动，洞察他人，在人际关系之中才会有胜算的把握。

齐国一位名叫隰斯弥的官员，住宅正巧和齐国权贵田常的官邸相邻。田常为人深具野心，后来欺君叛国，挟持君王，自任宰相执掌大权。隰斯弥虽然怀疑田常居心叵测，不过依然保持常态，丝毫不露声色。一天，隰斯弥前往田常府第进行礼节性的拜访，以表示敬意。田常依照常礼接待他之后，破例带他到邸中的高楼上观赏风光。隰斯弥站在高楼上向四面眺望，东、西、北三面的景致都能够一览无遗，唯独南面视线被隰斯弥院中的大树所阻碍，于是隰斯弥明白了田常带他上高楼的用意。

隰斯弥回到家中，立刻命人砍掉那棵阻碍视线的大树。正当工人开始砍伐大树的时候，隰斯弥突又命令工人立刻停止砍树。家人感觉奇怪，于是请问究竟。隰斯弥回答道："俗话说'知渊中鱼者不祥'，意思就是能看透别人的秘密，并不是好事。现在田常正在图谋大事，就怕别人看穿他的意图，如果我按照田常的暗示，砍掉那棵树，只会让田常感觉我机智过人，对我自身的安危有害而无益。不砍树的话，他顶多对我有些埋怨，嫌我不能善解人意，但还不致招来杀身大祸，所以，我还是装着不明白，以求保全性命。"这一段故事告诉我们，知道得太多会惹祸，这也是中国古代一种明哲保身之策。现代的人心透视术也正要注意此点，不要让对方发觉你已经知道了他的秘密，否则完全失去了透视人心的意义。如果故意要使对方知道你能看穿他心意的话，当然就不在此限之内。辛苦得到的透视人心武器，究竟应该如何运用？这要视各人的立场来决定。韩非子告诉了我们一个大原则。韩非子生于战国时代，是一位与韩国王室有血缘关系的贵族公子。韩非子的祖国——韩国，在战国七雄当中，势力较弱，前途惨淡，命运有如风中灯草。而七强之中最早实行法治政策的秦国，日益强盛。因此韩非子认为，要挽救祖国的命运，势必要实施革新政策，以达成富国强兵的目的。然而，韩王的优柔寡断，加上众臣强烈的反对，使得强化国家的政策难以推行。韩非子所建议的透视臣下，进而控制众臣的种种方法策略，就构成《韩非子》五十五篇。不过，韩非子实施新政的障碍，并不只是那些横行跋扈的贵族显要，韩王本身的顽固也是韩非子应该立刻解决的问题。所以，韩非子想要先行透视韩王的心意，然后再进行游说工作。当然，想要说服韩王，并不是简单的事情，弄不好还可能招来杀身大祸。那么透视对方内心之后，应该进一步处理的原则是什么？

在对有可能遇到的各种情况进行分析之后，韩非子对此做出了总结：进言的内容如果触犯君王正在秘密计划的事情，进言者就有生命的危险。对于君王表里不一的计划，如果只知道他的表面工作，尚不致发生危险；万一透视到他内部的计划，进言者就要担心自身的安危了。君王有过失时，如果这时摆出仁义道德的态度来指责他的话，也会危及性命。透视到君王想利用某人的意图，并想以此来显示自己如何英明的话，进言者就会有性命危险。强制君王做他能力所不及的事情，或是要他做进退两难的事情，进言者都可能有性命之忧。所以，韩非子又提出了一些方法，使得进谏之人在看穿对方心意之后，以免招惹祸端。

对方自以为得意的事情，我们要尽量加以赞扬；对方有可耻事情的时候，要忘掉不提。当对方因为怕被别人议论为自私而不敢放手去做的时候，应该给他冠上一个大义名分，使他具有信心放手去做。对于自信心十足甚至有些自负的人，不要直接谈到他的计划，可以提供类似的例子，从暗中提醒他。要阻止对方进行危及大众的事情时，须以影响名声为理由来劝阻，并且暗示他这样做对他本身的利益也有害。想要称赞对方时，要以别人为例子，间接称赞他；要想劝谏时，也应以类似的方法，间接进行劝阻。对方如果是颇有自信的人，就不要对他的能力加以批评；对于自认果断的人，不要指摘他所做的错误判断，以免造成对方恼羞成怒；对于自夸计谋巧妙的人，不要点破他的破绽，以免对方痛苦难过。说话时考虑对方的立场，在避免刺激对方的情况下发表个人的学识和辩才，对方就会比较高兴地接受你的意见。不用多说大家也会知道，以上的进谏方法，适合于下级对上级，也可以适用于一般的人际关系。如果能够站在对方的立场，替他考虑分析的话，那么你就可以真正取得对方的信任。这种方法说得更明白一点儿，就是在不使对方洞察你的意图的情况下，让对方在不知不觉中自己去体会、认识。这其间的技巧，就在于从旁策动，使对方以为自己原来就打算这样做，丝毫也没有发觉自己正为他人所左右着！

04 用好你的耳朵

每个人受生理条件的影响，说话时音色和音质以及音量都会各有特色。我们有时甚至只闻其声就会很清楚那个人是谁。《红楼梦》中王熙凤的出场就是利用这种先声夺人的方式，成功地塑造了一个性格外向泼辣、善用心计的女强人形象。生活中，我们也常常从人的声音特质来不自觉地去感受一个人，从而决定好恶。

内向型的人往往会在无意识之中跟对方保持一定的距离，而且性格上有点儿自闭。他们往往这么想："我不希望对方知道我的心事"以及"不想让初次见面的人看穿我的心意"，当然也就不会畅所欲言了。内向型的人对他人的警戒心非常强烈，而且认为不必让对方知道多余的事情。正因为如此，他连自己应该说的话也懒得说出来，一心想"隐藏"自己，声音当然就会变成嗫嚅了。这种情况不仅是在一对一的聊天时如此，在会议上的发言亦如此，因为他并不想积极说出自己的想法，以致欲言又止，变成了喃喃自语似的，声音很小，又很缓慢。内向型的人内心几乎都很温和，为了使自己的发言不伤害到别人，总是经过慎重的考虑之后再说话，同时又担心自己发表的意见将造成自己跟他人的对立。因为胆怯容易受到伤害，而且过度害怕错误以及失败，只好以较微弱的声音娓娓而谈，也许他认为这种说话方式最安全。但对于能够推心置腹的亲友以及家属就不一样了，对于这一类特别亲近的人，内向型的人都会解除警戒心，彼此间的距离也被拉近了。因此能够以爽朗的大嗓门以及毫不掩饰地态度跟他们交谈，能够很自然地露出来笑容。

说话速度稍快，说起话来仿佛在放鞭炮似的，滔滔不绝，几乎都属于外向型的人。外向型的人言语流畅，说话的声调甚为明快，声音的顿挫富于变化，且能说善道，只要一想到什么事情，就会毫不考虑地说出来，有时又会把自己的身体挪近对方，说到眉飞色舞时，口沫横飞，有时甚至会把对方的话拦腰一斩，以便贯彻自己的主张。尤其是他的想法为对方所接受，达到情投意合的境地时，他的声音就会变得更大，而且声调里面会充满了自信。那些能够断然下定论的人，通常都是外向型人当中支配欲最强烈的人，这种人说话时，往往会强迫别人接受他的想法。他能够把自己的想法率直地吐露出来，不过美中不足的是，很容易成为本位主义者，是一种自大任性的性格。话虽然如此，但是作为当事人，他还一直认为他是在为对方设想呢。纵然还不到这种地步，这种人说话的方式仍然显得周到而且清晰，即使是对于初次见面的人，他也能够以亲切的口吻与之交谈，脸上浮着微笑，不时地点头。当对方的意见、想法等等跟他要说的意思相同时，他就会随声附和地说："就是嘛……就是嘛……"并且眨动着眼睛，因为对外向型的人来说，跟他人同感，一唱一和之事，乃是至上的快乐。

外向型的人跟别人碰面时，只要彼此交谈，就能够使他的性格更为鲜明。因此，话说到投机处，就无法控制，不断地涌出话题，好像有取之不尽的"话源"似的，有时话无法再度接合，他仍然会喋喋不休。因为对他来说，"开讲"本身就是一件乐事。外向型的人能够在毫不矫揉造作之下，以开玩笑的口吻介绍他自己。有时是自己可笑的事，他都敢于说出来，博得对方一笑，因为他是一根肠子通到底的人，什么事情都不隐瞒，不在乎大家都知道他的事。即使事后自己也认为"说得太过火"，他也不会表示后悔。正因为他具有不拘小节的性格，对于过去的事情很少计较或者后悔，有时他甚至会忘记自己说过的事情，一旦对方提醒，方才搔着头说："哦！我那样说过吗？"正因为如此，他喜欢想到哪儿说到哪儿。乍看之下，这种人似乎轻率而欠考虑，事实上，他懂得配合对方的说话速度，一面看着对方一面交谈，同时更能够缓急自如、随机应变地改变话题，为的是不让对方扫兴。外向型的人说话方式都很注意一个目标，那就是给周围的人带来快乐而轻松的气氛，这是因为他们喜欢跟周围的人一起欢笑，甚至一块儿抱头痛哭的缘故。因此，我们可以说，这种类型的人很善于社交式的交谈。

第十三章

锤炼本领，经营自我

——职场中生存要掌握好做人做事的成功秘诀

在职场中做人做事，你需要耕耘和经营自己。如果你精于劳作并善于经营，你将收获颇丰，否则，你将陷入沼泽而无力自救。所以，不要以为只是精于劳作或只是善于经营就足以让自己高枕无忧，而应学会做一个全能人。

01 让自己无可替代

每一个追求高标生存境界的人都会追求个人价值的最大化发挥。在职场上，这种个人价值的最大化发挥就表现在让自己卓越到无可替代。只有这样，你才可在激烈的角逐中成为领军人物，不可或缺。

在工作中没有小事，做任何事之前，都要抱着诚信的态度。摆正公司人员与顾客的关系，相互依赖，重视公司的声誉，始终坚持顾客第一的思想——所有这一切，如果企业人员真心实意地付诸实施，那么，企业的前景必将辉煌起来。

企业员工必须充分认识到为顾客提供诚信、优良服务的重要性。企业的顾客是多种多样的，由于顾客的类型不同，对企业产品和服务的要求也不同。即使是同一类的顾客也有着不同的要求，且他们的要求是在不断变化的。顾客对本企业及人员的要求应当理解为对企业的信任，应当理解为是在给自己带来为顾客服务的机会。满足顾客的要求，特别是一些临时性、突发性的要求，可以为企业树立良好的形象，给顾客留下难以忘却的印象。

一位最佳销售员说过："最好的餐厅替顾客想得非常周到，使顾客感到温暖。我的顾客从这里买到汽车离去的时候就有一种在最好的餐厅享受完美味佳肴之后步出大门的感觉。当顾客把车开回来要求修理或提供其他服务时，我尽一切努力为他们争取到最好的东西。"

作为企业员工，必须搞好与顾客的关系，自觉地为顾客服务。要树立正确的经营、工作思想，具备良好的服务意识，了解顾客的需要，研究顾客的心理，认真听取顾客的意见，争取顾客的理解和支持。企业员工为顾客服务并不是在帮顾客的忙，而恰恰是在帮自己，顾客如果给予这个服务机会，这不但是企业员工的成功，同时更是企业的成功。

相信自己是不可替代的。提醒自己并在最大限度追求这种境界，是每一个人应该具备的最基本、最重要的心理素质之一。

我们的天赋和才智没有太大的差别。有些人之所以成功了，而有些人却失败了，关键在于这两种人的生存境界有所差异。前者一生都在追求一个卓越的、无可被替代的自己；而后者却懒于奋斗，得过且过，最终被抛到了生存之境的最底层。如果你想要步入高层生存的境界，一定要做一个别人无可替代的自己。

产品或服务是企业的生命，唯有以诚信的态度生产出优质的产品并提供最佳的服务，才能使一个企业最终在市场上站稳脚跟。质量问题涉及企业员工的关心、热情和承诺。质量并非工艺问题，再好的工艺也于事无补。

任何旨在保持质量的措施都可能很有价值，但是，只有每一位企业员工在日常工作中贯彻质量要旨，重视质量问题，而且确实在产品上体现了重视质量问题，这些措施才会有价值。同时各级经理人要明确，不管技术发展到什么程度，抓质量要人人有责，企业中的每一个人，上自各部门经理，下至收发室的人员，都要关心并致力于质量问题。只有这样，各项措施才会有价值。

企业员工在抓质量问题时，必须树立诚信的态度：世界上的事总能办得好上加好；无论从事什么工作，行行都能达到完美的境界。企业员工重视质量问题的关键其实就是把产品日臻完善、将不断改进的可能性付诸实施，而且要日复一日，持之以恒。

提供优质产品是员工必须具备的职业基准，质量是人人有责的事情，容不得半点怀疑。一件优质的产品问世，里面包含的必将是企业每个工序的员工认真仔细、尽职守责、全身心投入生产的心血，是所有员工对顾客的诚信的承诺。

02　精通你的专业

无论从事什么职业，都应该精通它。勤于钻研，下决心掌握自己职业领域的所有问题，就可以使自己变得比他人更具竞争力。如果你精通自己的全部业务，就能赢得良好的声誉，获得快速提升自己境界的绝佳途径。

现在，最需要做到的就是"精通"二字。大自然要经过千百年的进化，才长出一朵艳丽的花朵和一颗饱满的果实。

当你精通自己的业务，成了你那个领域的专家时，你便具备了自己的优势。

成为专家要尽快。

这里我们强调"尽快"，并没有一定的时间限制，只是说要越早越好。这要完全看你个人的资质和客观环境。但如果拖到四五十岁才成为专家，总是慢了些。因为到了这个年龄，很多人也磨成专家了，那你还有什么优势可言。因此"尽快"两个字的意思是——走上社会后入了行，就要毫不懈怠，竭尽全力地把你那一行钻研清楚，并成为其中的佼佼者。如果你能这么做，你很快就可以超越其他人。

一般来讲，刚走入社会的年轻人心情还不十分稳定，有的忙于玩乐，有的忙于谈情说爱，真正把心思放在钻研工作上的不是很多，很多人只是靠工作来维持生计，一心想成为"专家"的则更少了。别人在玩乐、悠闲，这不正是你的好时机吗？苦熬几年下来，你累积了自己的实力，超乎众人，他们再也追不上来，而这也就是一个人事业成就高低的关键。

那么怎样才能"尽快"在本领域中成为"专家"呢？

首先，选定你的行业。你可以根据所学来选，如你没有机会"学以致用"也没有关系，很多人所取得的成就与其在学校学的专业并没太大关系。不过，与其根据学业来选，不如根据兴趣来定。不管根据什么来选，一旦选定了这个行业，最好不要轻易转行，因为这样会让你中断学习，减低效果。每一行都有其苦乐，因此你不必想得太多，关键是要把精力放在你的工作之上。

其次，勤于钻研。行业选定之后，接下来要像海绵一样，广泛摄取、拼命吸收这一行业中的各种知识。你可以向同事、主管、前辈请教，义务加班也没关系，这也是一种学习。另外可以吸收各种报纸、杂志的信息。此外，专业进修班、讲座、研讨会也都要参加。也就是说，要在你所干的这一行业中全方位地深度发展。

最后，制定目标。你可以把自己的学习分成几个阶段，并限定在一定的时间内完成学习。这是一种压迫式学习法，可迫使自己向前进步，也可改变自己的习惯，训练自己的意志。然后，你可以开始展示自己学习的成果，你不必急于"功成名就"，但一段时间之后，假若你学有所成，并在自己的工作中表现出来，你必然会受到领导的注意。当你成为专家后，你的身价必会水涨船高，也用不着你去自抬身价，而这正是你"赚大钱"的基本条件。只要有"专家"的条件，人人都会看重你，何愁没有高工资？

不过，成了"专家"之后，你还必须注意时代发展的潮流，你还要不断更新提高自我。否则，你又会像他人一样原地踏步，你的"专家"水平就会开始打折扣。

03 打破旧思维

打破旧的思维习惯，是人类历史前进的思维动力。相对于我们而言，勇于打破旧的思维习惯，创造一种更新的办事方法，何尝不是获得改变生存境界的一个绝好的机遇？

皮尔·卡丹第一次展出各式成衣时，人们就像在参加一次真正的葬礼，皮尔·卡丹被指责为倒行逆施。结果，他被雇主联合会除了名。不过，数年之后，当他重返这个组织时，他的地位提高了。从大学里直接聘请时装模特儿，使人们更加了解他的服装，确保了他的成功。

1959 年，皮尔·卡丹异想天开，举办了一次借贷展销，这一个极其超常的举动，使他遭到失败。服装业的保护性组织时装行会对他的举动万分震惊，因而再次将他抛弃。可他在痛定思痛后，又东山再起，不到三四年功夫，居然被这个组织请去任主席。

就这样，皮尔·卡丹的帝国规模越来越大，不仅有男装、童装、手套、围巾、挎包、鞋和帽，而且还有手表、眼镜、打火机、化妆品。并且向国外扩张，首先在欧洲、美洲和日本得到了许可证。1968 年，他又转向家具设计，后来又醉心于烹调，并且他成了世界上拥有自己的银行的时装企业家。

"卡丹帝国"从时装起家，30 年来，他始终是法国时装界的先锋。1983 年，他在巴黎举行了题为"活的雕塑"的表演，展示了他 30 年设计的妇女时装，虽然岁月已流逝了 20 ～ 30 年，可他设计的这些时装仍然显得极有生命力，并不使人有落后的感觉。

卡丹在经营时装业的同时，还向其他的行业发展。1981 年，皮尔·卡丹以 150 万美元从一个英国人手里买下了马克西姆餐厅，这一惊人之举在全巴黎引起了不小的震动。这家坐落在巴黎协和广场旁边、有着 90 年历史的餐厅当时已濒于破产，前景十分暗淡，不少人对卡丹之举不理解，有人甚至怀疑这位时装界的奇才是否真有魔法使这家餐馆会重放异彩。可是，三年过去后，马克西姆餐厅竟奇迹般地复生了。不但恢复了昔日的光彩，而且把它的影响扩大到了整个世界。马克西姆的分店不仅在纽约、东京落了户，同时在布鲁塞尔、新加坡、伦敦、里约热内卢和北京安了家，卡丹经营的以马克西姆为商标的各种食品也成为世界各地家庭餐桌上的美味佳肴。卡丹终于实现了自己的诺言：执法兰西文明的两大牛耳（时装、烹饪）而面向世界。

40多年来，皮尔·卡丹的事业不断扩展，现在他在法国有17家企业，全世界110多个国家的540个厂家持有他颁发的生产许可证。他在全世界约有840个代理商，18万职工在生产"卡丹牌"或"马克西姆牌"产品，每年的营业额为100亿法郎，皮尔·卡丹已成为法国十大富翁之一。

回顾皮尔·卡丹的成功之路，不难发现他自从步入法国时装业，就以服装设计敢于突破传统，富于时代感、青春感而著称。早在1955年，皮尔·卡丹因创新而不容于同行，被逐出巴黎时装协会——辛迪加，然而他的服装设计并未因此而窒息，反而加速发展。他在厚呢料大衣上打皱褶；用透明面料做胸前打折的上衣；给新娘穿上超短裙；让模特穿上带网花的长筒袜；他还设计出"超短型"的大衣、气泡裙；用针织面料为男士做西服……他在60年代末，推出一套女式秋季服装，就是以式样新、料子柔、做工精而成为时髦女郎和年轻太太们的抢手货，一时轰动了巴黎。由于皮尔·卡丹设计刻意追求标新立异，因此，法国的时装界"卡丹革命"的旋风劲吹。

在销售方面，皮尔·卡丹讲究全方位、多层次。上自高耸入云的摩天大楼，下至微不足道的领带夹，都使用他的名字做商标。如皮尔·卡丹时装、打火机、香水、手表、地毯、镜框、汽车、飞机……几乎一切有形的美化生活的东西都在他以皮尔·卡丹为商标的经营范围之内。这样，全方位、多层次的推销战略，使卡丹的各项经营走上了成功发展的道路，收到了事半功倍的效果。

对于皮尔·卡丹的发迹历程，金克拉概括得特别好：经营需要打碎陈旧的思维，需要天天创新。

与皮尔·卡丹同时进军服装行业的人不在少数。而皮尔·卡丹在包括了服装行业的各个行业中能够独树一帜，不能不说是得益于他本人的创新和挑战意识。他的事业的最初也并非一帆风顺，但他没有因为外界的压力而放弃自己勇于创新的思维方式和勇于再次进军服装界的决心。所以，他一步步地向成功迈进，向生存之巅靠近。对于他而言，生存的最高境界就是对创新的步步苛求，对成功的步步苛求。

04 让坏习惯远离你的工作

生活中的坏习惯会影响你的正常生活。也许在生活中你无法克服这些习惯，但在工作中你应尽量避免将它们带进来，影响你的工作。因为在工作中你的坏习惯有时不仅对你自己不利，还会牵涉到同事，甚至整个公司。

人们往往会以小见大，身在职场不可以随便。那些自己的不良习惯更应毫不犹豫地丢弃掉，不要让不良习惯伴你同行，反之，让好习惯常伴你左右，你便可在职场中轻松获胜。

（1）不要当众搔痒。

大家都知道搔痒的举止不雅。搔痒的原因通常多是由于皮肤发痒而引起的。在出现这种情况时，当事者要按所处的场所来灵活掌握。如处在极严肃的场合，就应稍加忍耐；如实在忍无可忍，则只有离席到较隐蔽的地方去搔一下，然后赶紧回来。因为不管你怎样注意，搔痒的动作总是猥琐的，应避人为好。尤其有些人爱搔痒纯粹是出于习惯且无意识，只要人稍一坐就不断用手在身上东抓西挠，这更是不好的习惯，应尽量克服。

（2）要防止发自体内的各种声响。

生活经验告诉我们，任何人对发自别人体内的声响都不太欢迎，甚至很讨厌。诸如咳嗽、喷嚏、哈欠、打嗝，等等。当然，这些声响有的只在人们犯病或身体不适时才有。例如，打喷嚏，常常是在一个人患感冒的时候才发生。当出现这种情况时正确的做法可用手帕掩住口鼻以减轻声响，并在打过喷嚏后向坐在近处的人说声"对不起"以表示歉意。但是，有的也是由于习惯所造成，主要是因本人不重视、不关心别人的心理所致，应当注意改正。

（3）不要将烟蒂到处乱丢。

许多人都反对有人抽烟，究其原因，与不少抽烟者缺乏卫生习惯不无关系。有些吸烟者往往不注意吸烟对别人所造成的不便，他们不了解，不吸烟者除了害怕烟味会引起呛咳外，随风吹散的烟灰也使人感到不舒服，有时带有余烬的烟蒂还容易引起事故。这些都使不吸烟者有一种自发的抵制吸烟的情绪，所以，如果吸烟者随意处置吸剩的烟头，将它们丢在地上用脚踩灭，或随手在墙上甚至窗台上摁灭等，都是很令人讨厌的。对此，也必须自觉加以纠正。

（4）吐痰务必入盂。

随地吐痰，也是一种令人侧目的坏习惯。有些人由于积患较深，随意将痰到处乱吐。甚至在水泥和木地板上也如此，这确实是种令人作呕的不文明行为。因为，随地吐痰之所以惹人厌恶，不仅由于痰是脏物，吐在地上会直接弄脏地面，而且还会间接污染环境，传播疾病，损害许多人的健康。所以，文明的做法应当是将痰吐入痰盂；如果周围没有痰盂，就应到厕所里去吐痰，吐后立即用水冲洗干净。

（5）不要四处发嗲。

一样在职场打拼，小姑娘遇到困难，撒撒娇就能蒙混过关，这样的例子，见多不怪；可要是撒娇过分了，就有点儿让人厌恶。

听一位女白领说过这么一件事：一次客户请吃饭，和一位陌生小姐同坐。见她无人搭理，便和她聊了几句。刚夸一句："你这件衣服蛮好看……"小姐立马两眼发光："好看吗？我男朋友陪我买的！他很好的，陪我逛街，替我付账，还帮我拎着，一声牢骚都没有的。他昨天陪我到凌晨3点才回去的，我一直叫他走，他说过几天要加班，大概会没有空陪我，死活不肯早回去……"好不容易刹住车，她就差没说出男朋友的月薪有多少。

（6）勿随口脏话。

脏话本来就不受欢迎，在工作场合说脏话就更容易引起他人的反感。所以切忌在工作场所脏话连篇。

（7）勿借酒装疯。

有不少人平常沉默寡言，三杯黄汤下肚就喋喋不休，有时候是唠唠叨叨地抱怨个没完，有时候是打架闹事……酒醒了之后又对自己这种举动深感后悔不已。

像这些一喝了酒就胡闹的家伙，他们的自制力已经完全被酒给麻痹了，等到酒精的作用退去了之后，根本就不记得自己说过或是做过什么。

俗话说："酒后吐真言。"酒醒了之后，你可以不必对自己酒后的行为负责任，但对方可不会忘记你所说过的话。

有些酒品不好的人甚至于会在喝酒的时候装醉，大肆批评自己的老板。这些"醉话"一旦传到老板的耳朵里，最容易引起老板的痛恨。

（8）勿表里不一。

老板因为会议或出差而不在的时候，办公室气氛自然会显得比较轻松。

这时候，有的人大声谈笑、有的人批评老板的不是、有的人甚至大摇大摆地坐在老板的位子上大放厥词……

所谓"阎王不在，小鬼当家"指的就是这种情况。

平常表现得唯唯诺诺，只有在这个时候才摆出耀武扬威的样子，这种人和可怜虫有什么两样？

表里如一并不是很难做到的。事实上，不论什么时候都保持相同的处世态度，才能得到真正的快乐。阳奉阴违地看人脸色做事，必须随时保持警觉心以防被拆穿。让自己活得这么累，有什么意义？

开会时憋了一肚子的气，好不容易才解放出来的一伙人，一起跑进洗手间松一口气，这些人碰在一起就毫不留情地批评起上司：

"这总务科长可真会逢迎拍马，叫人受不了。跟这种人怎么会有好呢？"

结果，总务科长就在另一间厕所里。

以上所列这些只是工作恶习中的一角，不良嗜好又何止这些。不管怎么说，类似的习惯终究是不好的，在职场中要给他人一个好的印象，避免这些不良习惯，既可以增加人气，又可以让自己活出潇洒、活出高境界，何乐而不为？

05　有审时度势的眼光

我们的生存境界除了自身的能力决定之外，更重要的还有生命给予我们为数很少的那几次机遇，有的人抓住了机遇，就可以一展宏图，而有的人虽有才能却一辈子都庸庸碌碌，原因也许只在于没有抓住机遇。这两种人的生存境界就只在一瞬间便分出了高下。我们生存的时候要学会审时度势。在踏实行动的同时不要忘记抬头看一看有没有幸运之神的光顾。

被誉为"上海滩奇迹之王"的周云光以善于抓住不是机会的机会来创造奇迹而闻名于旧上海。如果说旧上海是冒险家的乐园，那么周云光就是这乐园中最为风光的人物之一。

周云光的那种审时度势的智慧是世人永远值得汲取的。

开办上海银行伊始，周云光经常能听到一些嘲笑说："中国的银行是不可能办好的。"

实际上，在复杂交错的金融市场，钱庄俨然以仅次于外资银行的老二自居，华资商业银行，实际上是在外资银行和钱庄的夹缝中讨饭吃。周云光明白上海银行既无强大的政治势力，又无雄厚的经济基础。因此，对于这家"小小银行"来说，首要的任务是站稳脚跟。而要想站稳脚跟，必须从服务质量和内部经营上下功夫，周云光知道这才是银行生命的源泉。

善于观察的周云光在长期的实践中发现，外资银行和钱庄注重吸纳大户存款，而对小额存款颇为轻视。所以，他就以此为突破口，特别看重小额存款，把它作为上海银行能否成功的关键。他十分强调"服务社会"，主张"人争近利，我图远功，人厌细微，我宁烦琐"的经营方针。

上海银行由于登门服务，手续简便，态度热情，深受广大市民欢迎。

周云光正是因为审时度势，抓住改变事态的时机才使上海银行站稳脚跟。要想有掌握机遇的能力，没有审时度势的本领是不行的，我们不论干何事，都要审时度势，择时而行。

所谓"识时务者为俊杰"。就是在做某一件事情之前，一定要注意分析情况，对症下药。没有别人的支持和呼应，没有客观的需求，一个人的努力很可能就像没有方向的箭，无法击中目标。所以，我们的首要任务是让我们做每一件事都要有很强的目的性。

许多人之所以能够在同龄人中脱颖而出，不仅在于他们知道社会需要什么，还在于满足这种需要的才能往往是特殊的。只有培养"人无我有"的才能，才可以先声夺人，领先别人。归纳起来，其经验可用下面这个公式来表达，即：

特殊才能 + 满足社会需要 = 适应社会

这两个因素对一个人更好地生存是缺一不可的，仔细分析起来就会发现，两者有着某种相辅相成的内在关系。特殊才能要以满足社会需求为指向，而满足社会需求又要以特殊才能作为基础。

要抓住社会需求，就要首先学会去观察社会，不仅要看电视、听新闻、读报纸，还要经常出去走走。许多人往往把自己关在屋里，埋头读书毫不理会窗外事。那么，你的知识只能成为摆设。

光有观察还不够，还要学会独自去思考各种问题，面对社会的种种现象与现状，我们到底怎样想：哪些是对的？哪些是错的？哪些应该学习？哪些应该摒弃？等等。即便我们的想法与思考错了也不要紧，只要我们学会了思考，就意味着在成长的道路上迈出了坚实的一步。

另外还要有改变惯性行为的思想和行动。

每天不管有多少例行公事，至少都得抽出一点时间，改变一下平常千篇一律的步调，这样不但能转变自己的情绪，也能得到新的收获。

千篇一律的行为，会使人的智力定型，不能自由运用思考力。所以适当的改变一下生活的习惯有利于锻炼灵活的思维能力。

毕竟时代在不断发展，仅靠小聪明，死守老一套的习惯，已经不能适应社会的要求。

有的人习惯于遵循老传统，恪守老经验，宁愿平平淡淡做事，安安稳稳生活，日复一日、年复一年地从事别人为他们安排的重复性劳动，他们的生活毫无波澜，更无创造。这种人思想守旧，循规蹈矩，心不敢乱想，脚不敢乱走，手不敢乱动，凡事小心翼翼，中规中矩，虽然办事稳妥，但一般不会有多大出息。

我们应该重视那万分之一的机会，因为它将给你带来意想不到的成功。有人说，这种做法是愚者的行径，比买奖券的希望还渺茫。这种观点失之偏颇，因为开奖券是由别人主持，丝毫不由你主观努力，但这种万分之一的机会，却完全是靠你自己的主观努力去争取的。

只有善于抓住机遇、把握机遇、创造机遇，才能达到成功。